"十四五"国家重点研发计划项目(2022YFC3004600)
陕西省自然科学基础研究计划企业联合基金项目(201

U0348402

彬长矿区井上下立体防治冲击地压探索与实践

主　编　白永明　焦小年　原德胜　贺海鸿　付田田
　　　　吴学明

副主编　相里海龙　张红卫　马小辉　席国军
　　　　焦　彪　窦桂东　邹　磊　吕大钊

参　编　王　飞　张永涛　李俊营　胡　沛　乔鼠盟
　　　　王　冰　高永刚　史星星　严　斌　汪海平
　　　　王东杰　何　勇　门　鸿

中国矿业大学出版社

·徐州·

内 容 提 要

彬长矿区特厚煤层综放开采面临严重的冲击地压灾害。本书以彬长矿区典型的深埋特厚煤层开采过程中的冲击地压灾害防治为背景,从彬长矿区煤层赋存特征及开采技术条件出发,总结了冲击地压发生特点,分析了冲击地压影响因素,揭示了冲击地压发生机理,研究了冲击地压预警技术;总结了彬长矿区多年来的冲击地压防治模式与技术演化历程,开发了基于多元监测系统的综合预警平台,构建了彬长矿区冲击地压井上下联合监测预警体系;在多年的冲击地压防治研究及工程实践的基础上提出了适合彬长矿区的井上下立体防治冲击地压模式,打造了全国领先的"高位岩层水平井压裂+低位岩层井下压裂卸压"防治冲击地压新模式;研发形成了彬长矿区冲击地压防治成套关键技术与装备,并在彬长矿区完成了冲击地压防治实践,有效遏制了彬长矿区的冲击地压灾害,为实现类似条件下的冲击地压灾害防治提供了"彬长经验"和"彬长方法"。

本书可作为采矿工程、工程力学等相关专业工程技术人员的参考用书,也可作为相关专业本科生和研究生的学习用书。

图书在版编目(CIP)数据

彬长矿区井上下立体防治冲击地压探索与实践/白
永明等主编. —徐州:中国矿业大学出版社,2024.7
ISBN 978 - 7 - 5646 - 6155 - 7

Ⅰ.①彬… Ⅱ.①白… Ⅲ.①煤矿—冲击地压—防治
—研究—咸阳 Ⅳ.①TD324

中国国家版本馆 CIP 数据核字(2024)第 024947 号

书　　名	彬长矿区井上下立体防治冲击地压探索与实践
主　　编	白永明　焦小年　原德胜　贺海鸿　付田田　吴学明
责任编辑	黄本斌
出版发行	中国矿业大学出版社有限责任公司
	（江苏省徐州市解放南路　邮编221008）
营销热线	(0516)83885370　83884103
出版服务	(0516)83995789　83884920
网　　址	http://www.cumtp.com　E-mail:cumtpvip@cumtp.com
印　　刷	江苏淮阴新华印务有限公司
开　　本	787 mm×1092 mm　1/16　印张 11.75　字数 301 千字
版次印次	2024 年 7 月第 1 版　2024 年 7 月第 1 次印刷
定　　价	52.00 元

（图书出现印装质量问题,本社负责调换）

前　言

冲击地压是煤矿开采中严重的动力灾害之一,其发生具有瞬时性、剧烈性、难预测性等特点,使得对于冲击地压防治的区域及时机很难把控,是矿井灾害防治中的疑难问题。我国冲击地压矿井分布于山东、陕西、甘肃、新疆等地,近年来,煤炭浅部资源日渐减少,煤炭开采向深部延伸,何满潮院士指出矿山开采进入深部后面临"三高一扰动"的复杂应力环境,高地应力导致高能量的积聚,在开采扰动下发生强矿压事故,诱发冲击地压的危险性升高。

彬长矿区地质条件复杂,矿区构造较多,受开采扰动动力灾害频发,早期矿井灾害表现为强动压事故,随着开采强度的增强,逐渐演变为冲击地压事故。2013年以来,彬长矿区先后发生多起冲击地压事故,造成设备损毁、经济损失,严重制约矿井的安全生产。经鉴定,彬长矿区5对矿井均有不同程度的冲击倾向性,其中强冲击地压矿井2对,中等冲击地压矿井2对,弱冲击地压矿井1对。近年来,陕西彬长矿业集团有限公司与中煤科工开采研究院有限公司、中国矿业大学等单位合作积极探索与实践,共同防治冲击地压,制订矿井中长期防冲规划,引进治理新技术、购置监测及防冲新设备,优化防冲管理体系。

陕西彬长矿业集团有限公司始终围绕煤岩"零冲击"1个目标,坚持冲击地压"可预、可防、可控"1个理念,立足井上下联合监测5种方法,夯实井上下协同卸压5项技术,在遵守"区域先行、局部跟进、分区管理、分类防治"原则之下,构建"主动预防、培训教育、预测预报、措施解危、效果检验、安全防护""六位一体"综合防治体系,遵循"弱冲矿井提级管、强冲矿井强化管"的管理原则,形成"三区联动"开采模式,积极探索和应用冲击地压防治新技术、新工艺、新装备。2021年,陕西彬长矿业集团有限公司率先将地面水平井分段压裂技术用于煤矿冲击地压防治领域,探索形成了以"地面区域压裂为主、井下局部治理为辅"的井上下立体防治冲击地压"1155"模式,致力于解决冲击地压耦合灾害防治难题,同时为具有相同情况的其他冲击地压矿井提供一定的参考。如今,在陕西煤业化工集团有限责任公司、陕西煤业股份有限公司坚强领导下,陕西彬长矿业集团有限公司已经最大限度地把冲击地压这个"地老虎"关进"笼子",让"猛虎"变成实现煤岩"零冲击"的"金牛"。陕西彬长矿业集团有限公司于2022年圆满承办全国煤矿瓦斯和冲击地压重大灾害防治现场会,发布实施5项灾害治理企业标准,创建实施"五超前"验收标准,填补了国内煤矿多元灾害协同治理领域企业标准的空白,致力于实现系统治灾、源头治灾,打造出复杂地质条件下世界一流煤炭企业。

本书共分为7章,主要以彬长矿区5对矿井冲击地压的防治实践成果为基础,系统介绍了彬长矿区冲击地压防治模式、井上下联合监测技术体系以及井上下协同卸压技术体系。其中,第1章梳理了国内外冲击地压机理研究成果、冲击地压监测技术成果、冲击地压预警技术发展状况以及目前冲击地压防治现状等,对本书研究内容及技术路线做了系统的规划。

第2章从彬长矿区地质构造特征和煤层及其顶底板特征出发,总结了冲击地压发生特点,分析了冲击地压影响因素,揭示了冲击地压发生机理,研究了冲击地压预警技术,最后概述了彬长矿区近年来冲击地压防治的发展历程。第3章和第4章为彬长矿区冲击地压防治探索及实践的系统成果,分别介绍了井上下联合监测技术体系及井上下协同卸压技术体系。从冲击地压发生前兆特征出发,购置相应监测设备,研发预警平台,将井上下作为一体,提高监测精度,精准识别冲击危险区域、精准把握冲击地压防治时机。依据监测结果识别出的冲击危险区域,实施精准卸压,采用不同卸压设备对目标岩层实施压裂,将其由整块切割为散块,弱化能量储存能力及传递路径,使其静载达不到冲击临界静载。采用的卸压技术有传统的钻孔爆破卸压技术,同时有低位岩层的高压水射流、"钻-切-压"("钻孔-水射流切缝-水力压裂")一体化技术,还有最新试验的地面水平井分段压裂技术,实现了矿井从开采位置至地面全高范围的卸压。第5章和第6章以第3章和第4章为补充,进一步补充介绍了矿区冲击地压防治技术及设备。第7章从彬长矿区对于冲击地压防治的管理机制出发,介绍了彬长矿区经过优化的适应于新的冲击地压防治模式的管理体系,该体系可以发挥人的主观能动性,将冲击地压治理主动性牢牢掌控于人,实现最大化冲击地压监测及防治效果。

在本书编写过程中,白永明、焦小年、原德胜、贺海鸿、付田田、吴学明负责整体架构设计,相里海龙、张红卫、马小辉、席国军、焦彪、窦桂东、邹磊、吕大钊负责各章节内容的撰写,王飞、张永涛、李俊营、胡沛、乔鼠盟、王冰、高永刚、史星星、严斌、汪海平、王东杰、何勇、门鸿参与案例资料的收集及分析、图表绘制等工作。本书是作者多年来从事矿井安全生产技术管理工作的系统提炼,可作为采矿工程、工程力学等相关专业工程技术人员的参考用书,也可作为相关专业本科生和研究生的学习用书。

本书内容的研究得到了陕西省政府有关部门、陕西煤业化工集团有限责任公司、陕西煤业股份有限公司等单位领导的指导和帮助,还得到了中煤科工开采研究院有限公司徐刚、潘俊锋、刘少虹、冯美华,中国矿业大学鞠杨、窦林名、高明仕、曹安业、蔡武、朱广安,辽宁大学潘一山,华北科技学院欧阳振华,煤炭科学研究总院有限公司齐庆新,中煤能源研究院有限责任公司刘虎,西安科技大学崔峰等人的支持与帮助,另外,研究人员付出了艰苦努力,在此一并表示感谢。此外,本书的出版受"十四五"国家重点研发计划项目(2022YFC3004600)、陕西省自然科学基础研究计划企业联合基金项目(2019JLZ-04)等的资助,在此表示感谢。

由于作者水平所限,书中难免存在疏漏之处,敬请广大专家、学者批评指正。

作　者
2023 年 12 月

目　　录

1 绪 论

1.1 研究背景

我国的一次能源结构中煤炭一直占据首要位置,自然资源部组织编制的《中国矿产资源报告(2022)》中介绍,截至 2021 年年底,我国煤炭储量 2 078.85 亿 t。以煤为主的能源资源禀赋与经济社会发展所处阶段,决定了在未来相当长一段时间,我国经济社会的发展仍将离不开煤炭[1-2]。进入 21 世纪以来,我国煤炭消费量占据能源消费总量的 55% 以上,煤发电一直占主导地位。煤炭是我国资源战略的基石、电力系统平稳运作的稳定器、能源安全的压舱石,因此煤炭在我国未来发展中将依旧起到稳定经济的基石作用,而 2035 年为我国碳达峰的元年,在碳达峰之前煤炭将为稳定我国能源供给发挥重要作用[3-4]。随着国内对中小型煤矿的产能淘汰和取缔,国内大型矿山成了平衡国内煤炭产能与供应的稳定石[5]。

目前,探明深度大于 1 km 的煤炭储量占总储量的 53% 以上,我国资源禀赋与经济发展决定了千米以下深部煤炭资源的开发是大势所趋。随着我国能源消费量的日益升高,浅部埋藏煤炭已无法满足国内的能源消耗需求,矿井开采深度的增加速度约为每年 10 m,因此国内深部煤层开采矿井的数量在不断增加[6-9]。研究表明,岩石的强度随着开采深度的递增不断增加,岩石强度的增加则增强了其储蓄弹性能的能力,并且进入深部开采以后,承受着高地应力与强烈的开采扰动,这些为释放煤岩体中储蓄的大量弹性静载能提供了条件,同时也增加了冲击地压的风险性。

国内煤矿冲击地压灾害形势严峻,2014 年辽宁省恒大煤矿"11·26"冲击地压诱发的煤尘爆炸事故的遇难人数达到 28 人,2018 年山东省龙郓煤矿"10·20"冲击地压事故的遇难人数达到 21 人,2019 年吉林省龙家堡煤矿"6·9"冲击地压事故、河北省唐山煤矿"8·2"冲击地压事故和 2020 年山东省新巨龙煤矿"2·22"冲击地压事故的遇难人数共计达到 20 人,接连不断的冲击地压事故对国内社会稳定发展造成了巨大的负面影响,引起了党和国家的高度重视。据不完全统计[10],我国煤矿发生的有数据记录的冲击地压灾害有 2 510 次,其中发生在巷道的冲击地压灾害为 2 178 次,占 86.8%。也有学者统计[11]煤矿冲击地压事故有 91% 发生在巷道,且掘进、回采期间发生的冲击地压事故占比达到 86%。虽然两者在统计数据上存在差异,但是均可看出研究巷道冲击地压的防治机理和相应的防控技术已成为当前保障矿井在复杂环境下安全开采亟待解决的关键问题。巷道冲击地压灾害显现如图 1.1.1 所示。

煤矿开采深度逐年增加,我国冲击地压矿井数量也不断增加,冲击地压矿井在山东、陕

（a）场景一

（b）场景二

图 1.1.1　巷道冲击地压灾害显现

西、甘肃等省份分布最为广泛。我国矿井面临的主要动力灾害中,冲击地压灾害日益严重,随煤矿开采深度的增加与开采强度的增大,受冲击地压灾害影响的矿井数量逐年增加。1949 年我国冲击地压矿井的数量为 7 个,到 2019 年我国冲击地压矿井的数量已激增至 253 个[12],如图 1.1.2 所示。冲击地压矿井的分布越来越广,几乎所有的产煤省份都存在冲击地压矿井,且冲击地压类型多样,大部分地质开采条件下都有冲击地压灾害发生的案例,可见冲击地压灾害日益严峻。

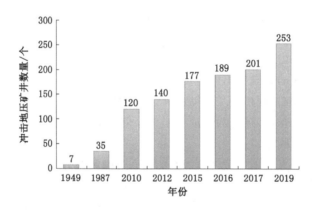

图 1.1.2　历年冲击地压矿井数量

冲击地压事故是近年来危害煤矿生产安全的较大生产安全类事故之一,在巷道掘进和工作面回采的过程中,煤(岩)体中会产生弹性载荷聚集,当聚集的强度超过了煤(岩)体自身强度时易发生高静载型冲击地压;若在高静载状态下煤(岩)体稳定,但在工作面回采时,覆岩顶板产生的冲击动载与原岩静载构造应力叠加超过煤(岩)体自身防冲强度时,即发生动载型冲击地压。煤尘与瓦斯爆炸、火灾以及井下水灾也时常与冲击地压事故相伴而生[13-15],冲击地压事件的发生具有突发性、难预测性、破坏范围广且严重的特点,会对井下设施和人员造成难以估量的伤害。表 1.1.1 给出了我国近年来较大冲击地压事故概况。

表 1.1.1　我国近年来较大冲击地压事故概况

序号	煤矿名称	时间	所在省份	伤亡情况
1	担水沟煤矿	2017 年 1 月 17 日	山西	10 人遇难
2	红阳三矿	2017 年 11 月 11 日	辽宁	10 人遇难,1 人轻伤
3	龙郓煤矿	2018 年 10 月 20 日	山东	21 人遇难,4 人受伤
4	龙家堡煤矿	2019 年 6 月 9 日	吉林	9 人遇难,12 人受伤
5	唐山煤矿	2019 年 8 月 2 日	河北	7 人遇难,5 人受伤
6	新巨龙煤矿	2020 年 2 月 22 日	山东	4 人遇难
7	胡家河煤矿	2021 年 10 月 11 日	陕西	4 人遇难,6 人重伤,20 人轻伤

陕西彬长矿业集团有限公司隶属于世界 500 强企业陕西煤业化工集团有限责任公司,成立于 2003 年 3 月,总部设在咸阳市,下辖大佛寺、胡家河、小庄、文家坡、孟村等 5 对矿井,煤炭生产服务能力 6 000 万 t/a。彬长矿区为我国 14 个亿吨级大型煤炭基地中黄陇基地的重要组成部分[16-18],其地质条件复杂且灾害多,当前冲击地压已成为彬长矿区最严重的灾害之一。

冲击地压在陕西省煤矿出现的时间相对较晚,直到 2013 年黄陇侏罗纪煤田彬长、永陇矿区大规模开发,冲击地压灾害才开始显现,严重威胁矿井安全生产[19-21]。随后冲击地压矿井数量井喷式增长,灾害形势急剧恶化,短短 4 a 时间冲击地压灾害就成为陕西省煤矿主要灾害之一。据调研,2013 年 1 月,陕西彬长矿业集团有限公司胡家河煤矿在准备 402103 工作面时首次发生了冲击地压,现场的表现为煤炮频繁且剧烈,煤块弹射严重,锚索断裂频繁,顶底板瞬间大变形等。2014 年至 2017 年,与胡家河煤矿邻近的高家堡煤矿、亭南煤矿、孟村煤矿均发生了不同程度的冲击地压,其中高家堡煤矿与孟村煤矿在大巷掘进期间就有冲击地压显现,麟北矿区最早投产的崔木煤矿与郭家河煤矿,在其生产过程中均有不同程度的冲击地压显现。由此可见,陕西省煤矿冲击地压灾害具有出现时间晚、爆发时间短、灾害显现严重、灾害矿井集中等主要特点。

根据我国冲击地压矿井灾害发展规律,随着深部煤炭资源的持续开发,煤矿采掘范围持续扩大,采掘深度不断加大,采空区面积也不断增大,影响冲击地压发生的因素将会不断增多,多因素、多灾害耦合致灾机制变得更为复杂。统计表明,陕西省冲击地压矿井数量将会进一步增加,冲击地压发生频次与强度也将增大,应该引起企业与监管监察部门的重视。

冲击地压致灾机理本身未完全透明、矿井生产(地质)条件复杂且千差万别、企业管理体系尚不完善、人员职业素养也有待提高等不确定因素的存在,致使我国冲击地压防治依然面临着严峻的考验,尤其在巷道冲击地压防治方面亟待提出更具有实用性与创新性的思路对冲击地压防治机理及技术做出革命性的提升,达到有效预防冲击地压事故、保障煤矿职工安全的最终目标。

1.2　研究意义

陕西省地处我国西北的东部,面积为 20.56 万 km^2,其中含煤面积为 4.77 万 km^2,约占全省面积的 23%,是国内煤炭资源最为丰富的四大省份之一。全省煤炭开采的历史悠久,省内煤种齐全。目前建成生产的有铜川、蒲白、澄合、焦坪、韩城、黄陵、神府七大矿区,以及各市、县的地方国有煤矿与乡镇煤矿。彬长矿区属于全国 14 个大型煤炭基地中黄陇基地,位于彬州市与长武县境内,其东西长为 46.0 km,南北宽为 36.5 km,面积约为 978 km^2。矿区含煤地层为中侏罗统延安组,主要可采煤层为 4 煤层,煤厚为 0.15~43.87 m,平均煤厚为 10.64 m,其埋藏南部浅,北、西部深,埋深为 300~800 m,最深可达 1 000 m。矿区生产建设规模为 53.80 Mt/a,已经建成大佛寺、胡家河、小庄、文家坡、孟村、高家堡、亭南、水帘洞、下沟、蒋家河、雅店等生产矿井,分属于陕西煤业化工集团有限责任公司、山东能源集团有限公司与彬县煤炭有限责任公司。其中陕西煤业化工集团有限责任公司下属陕西彬长矿业集团有限公司下辖大佛寺、胡家河、小庄、文家坡、孟村 5 对生产矿井,生产能力为 29.0 Mt/a。

陕西省煤矿冲击地压最早发生于 2013 年 1 月,胡家河煤矿 402 盘区掘进工作面首次出现强烈动力现象(频繁出现煤炮、严重漏顶、底鼓,甚至设备移位等),当时将其定义为"强矿压"。随着彬长矿区深部矿井的陆续建设,其他煤矿也相继出现了类似的动力现象,如 2014 年高家堡煤矿在掘进一盘区 3 条大巷时也多次出现类似现象,这才引起了有关方面的重视。2015 年,有关部门开始将这种"强矿压"确定为"冲击地压",属矿井的主要灾害之一。目前,彬长矿区的生产矿井中,强冲击地压矿井 4 对,中等冲击地压矿井 3 对,其余均为弱冲击地压矿井,冲击地压已成为彬长矿区主要灾害之一,亟须对冲击地压监测和防治开展一系列研究,包括针对冲击地压致灾机理、监测预警、防治技术与装备等开展研究。这些研究对于深部开采过程中动力灾害的预防与控制、关键技术与设备的研发具有重大意义,同时对于保障煤矿作业人员安全和最大限度减少冲击地压事故造成的财产损失和人员伤亡具有重要意义,从而为我国深部煤层开采的可持续发展保驾护航[22]。

1.3　国内外研究现状

冲击地压是指煤矿井巷或工作面周围煤(岩)体由于弹性变形能的瞬时释放而产生的突然、剧烈破坏的动力现象,常伴有煤(岩)体瞬间位移、抛出、巨响及气浪等。这种现象以急剧、猛烈破坏为特征,常伴有很大的声响、岩体震动和冲击波,当达到一定程度时伴有矿震发生,具有突发性、瞬间震动性和巨大破坏性,并向采掘空间抛出大量的碎煤或岩块,释放出大量的瓦斯,伴随形成大量的煤尘。冲击地压是威胁煤矿安全生产的严重灾害之一,常常造成巷道支架和采煤工作面破坏变形、设备移动、空间被堵塞等。

我国 1933 年在抚顺胜利矿发生第一次冲击地压灾害以后,先后又在北京、华丰、新汶、开滦、徐州、义马等 50 多个矿区发生了一系列冲击地压灾害。进入 21 世纪以后,随着我国煤矿开采深度的不断增加,机械化水平逐渐提高,煤矿开采强度显著加大。同时,由于矿井设计理念的落后和设计标准的滞后,我国很多开采深度大于 500 m 的矿井在设计时根本没有考虑冲击地压问题,因此开拓部署不够合理、没有实施保护层开采、大巷布置在冲击地压煤层中、留设不合理煤柱、跳采或孤岛开采等,从而导致近 10 a 来我国一些深部开采矿井及新建矿井陆续发生冲击地压灾害,对我国煤矿安全生产造成了严重威胁。

2013 年 1 月,彬长矿区胡家河煤矿 402 盘区掘进工作面首次出现强烈的动力现象——频繁出现煤炮、严重漏顶、底鼓,甚至设备移位等。随着彬长矿区建设的推进,其他煤矿也相继出现了类似的动力现象,如 2014 年高家堡煤矿在掘进一盘区 3 条大巷时也多次出现类似现象。2015 年 5 月,陕西省煤炭生产安全监督管理局下发《关于开展冲击地压防治知识培训通知》(陕煤局函〔2015〕77 号),首次开展全省冲击地压知识培训,并连续组织相关人员赴省外考察学习,开启了全省煤矿冲击地压灾害防治的艰难历程。

从彬长矿区和旬东矿区各煤矿冲击倾向性鉴定和冲击危险性评价结果来看:彬长矿区自南向北随着煤层埋藏深度的增加,冲击倾向性由弱变强,冲击危险性趋势与冲击倾向性趋势基本一致;旬东矿区冲击倾向性属于弱冲击,基本无冲击地压危险,但不排除个别区域具有冲击危险性。近几年,彬长矿区的个别煤矿已发生了多次冲击地压,造成了巷道底鼓变形、锚网脱落、设备移位等。经过多年的努力,彬长矿区在冲击地压研究与工程实践方面成果显著,在防治冲击地压方面积累了丰富的经验,取得了显著的成就,有效防止了冲击地压灾害的发生。

1.3.1 冲击地压机理研究现状

冲击地压是一种特殊的矿山压力显现形式,其发生与采动作用下围岩变形破坏带来的应力环境改变密切相关,国内外学者对冲击地压发生机理、采动覆岩破坏机理及应力场分布等进行了深入研究,并取得了丰硕成果。

冲击地压发生机理是指形成冲击地压的内在规律,它是冲击危险性评价和冲击地压防治的主要理论基础。煤岩体的破坏首先是煤岩体的强度问题,基于这一认识,在冲击地压机理的研究中,人们自然地注意到强度问题,并逐步发展形成了各种冲击地压强度理论。强度理论以材料所受的载荷达到其强度极限就会开始破坏这一认识为基础,逐步发展到以矿体-围岩系统为研究对象。

冲击地压是煤岩体的突然破坏,它是一种动力现象,和一般的静态破坏形式有着显著区别。除了煤岩体的破坏特性之外,还表现为煤岩体具有一定的动能而向采掘空间抛射出来,同时还伴随有震动、声响、冲击波等。因而,它不单是一个强度问题。基于此,人们在寻找煤岩体突然破坏的原因和规律时又提出了冲击地压的能量理论、刚度理论和冲击倾向性理论等。能量理论认为矿体-围岩系统的力学平衡状态破坏后所释放的能量大于消耗能量时,就会发生冲击地压;刚度理论认为矿山结构的刚度大于矿山负载系统的刚度是发生冲击地压的必要条件;冲击倾向性理论认为煤岩介质产生冲击破坏的固有属性是产生冲击地压的必要条件。国内外学者关于冲击地压机理的研究从 1951 年(南非)开始,到现在 70 余年,从不同的角度提出了多种冲击地压发生机理,如冲击倾向性理论、强度理论、动静载叠加理论、冲击启动理论、刚度理论、"三准则"理论、"三因素"理论、失稳理论等。

(1) 冲击倾向性理论[23-24]

冲击倾向性反映煤岩体发生冲击的内在属性和能力,采用弹性能量指数 W_{ET}、冲击能量指数 K_E、动态破坏时间 DT 和单轴抗压强度 R_c 4 个指标来衡量煤的冲击倾向性,目前我国也将冲击倾向性鉴定标准定为国家推荐标准[25],如表 1.3.1 所列。

表 1.3.1 煤的冲击倾向性鉴定标准

指标	无冲击倾向	弱冲击倾向	强冲击倾向
弹性能量指数 W_{ET}	$W_{ET}<2$	$2{\leqslant}W_{ET}<5$	$W_{ET}{\geqslant}5$
冲击能量指数 K_E	$K_E<1.5$	$1.5{\leqslant}K_E<5$	$K_E{\geqslant}5$
动态破坏时间 DT/ms	$DT>500$	$50<DT{\leqslant}500$	$DT{\leqslant}50$
单轴抗压强度 R_c/MPa	$R_c<7$	$7{\leqslant}R_c{\leqslant}14$	$R_c{\geqslant}14$

除此之外，我国提出了弯曲能量指数 U_{WQS} 作为顶板岩层冲击倾向性的鉴定标准，如表 1.3.2 所列。

表 1.3.2 顶板岩层的冲击倾向性鉴定标准

指标	无冲击倾向	弱冲击倾向	强冲击倾向
弯曲能量指数 U_{WQS}/kJ	$U_{WQS}{\leqslant}15$	$15<U_{WQS}{\leqslant}120$	$U_{WQS}>120$

大量现场实践表明，冲击倾向性指标在评价煤岩体冲击危险性方面具有重要的现实意义，但是由于冲击倾向性指标只是针对煤岩样的实验结果，没有考虑现场地层和开采结构，因此，该理论仍有局限性。

（2）强度理论[26-28]

早期强度理论主要包括"悬臂梁理论""压力拱理论"等。其中，"悬臂梁理论"由德国的 K. Stoke 于 1916 年提出。该理论认为，采场顶板为"一端嵌固于前方岩体、一端悬伸于采空区"的悬臂梁，如图 1.3.1 所示，当悬伸长度足够大时，顶板就会发生折断，形成来压。"压力拱理论"由德国的 W. Hack 和 G. Gillitzer 于 1928 年提出，该理论模型如图 1.3.2 所示。"压力拱理论"认为采场是在一个"前脚在煤壁、后脚在采空区矸石或充填体"的拱结构保护下，拱外岩石的重量转移到拱脚上，形成支承压力，拱内岩石重量则由支架支承。

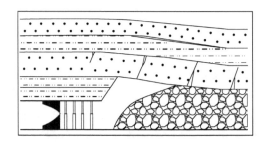

图 1.3.1 悬臂梁模型图

近代强度理论则将矿体和围岩作为一个系统来进行研究，认为煤岩体冲击破坏的决定因素不是应力本身，而是应力与煤岩体强度的比值，但仍无法给出明确的强度值。

（3）动静载叠加理论

动静载叠加理论提出冲击地压的发生需要满足应力与能量条件，认为煤岩体中的静载与矿震形成的动载所叠加大于诱发煤岩体发生冲击破坏的最小载荷时，将诱发冲击地压灾害。窦林名等[29-30]根据应变率对煤矿载荷的状态进行了界定，将冲击地压划分为强动载型

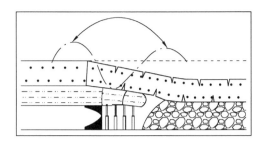

图 1.3.2 压力拱模型图

和高静载型两种类型,还提出了在采区的强冲击危险区域,通过松散煤岩体降低其强度与冲击倾向性,使应力集中区域向煤岩体深部拓展的强度弱化减冲理论。

（4）冲击启动理论[31]

冲击启动理论提出冲击地压历经冲击启动、冲击能量传递、冲击地压显现三个阶段,分别对应着采动围岩极限平衡区、采掘围岩近场弹塑性围岩区、采掘活动空间,认为冲击启动的条件为集中静载荷与集中动载荷之和大于煤岩体动力破坏所需要的最小载荷。

（5）刚度理论

N. G. W. Cook[32]提出了刚度理论,认为试件刚度大于试验机刚度是试件发生脆性破坏的条件。W. Black 采用刚度理论解释了冲击地压发生的条件,即采场煤岩体载荷刚度大于围岩结构的刚度。

（6）"三准则"理论

李玉生[33-34]提出了冲击地压发生的"三准则"理论,认为强度理论、能量理论和冲击倾向性理论分别揭示了煤岩体失稳破坏的应力标准、力源因素和煤岩体属性,三个条件同时具备是冲击地压发生的必要条件。

（7）"三因素"理论

齐庆新等[35-37]提出了冲击地压发生的"三因素"理论,认为具有冲击倾向的煤岩体在高集中应力或能量的作用下,在节理弱面存在下易发生冲击地压。"三因素"理论在传统冲击理论的基础上充分考虑了煤岩体结构对强度的影响。

（8）失稳理论

章梦涛等[38-39]提出了冲击地压失稳理论,认为煤岩体采动形成的应力集中会使局部煤岩体进入应变软化状态,并与相邻的煤岩体弹性介质建立一种非稳定平衡状态,当存在外力扰动时,会打破这种非稳定的平衡状态造成煤岩体的快速破坏进而产生冲击地压。图 1.3.3 为整体失稳型冲击地压类型[40]。

另外,谢和平等[41-42]采用分形数学的方法,从微观角度系统研究了岩石破裂、分形扩展及分形强度等问题,并将研究成果引入冲击地压的研究;王炯等[43]提出了冲击地压的极限平衡理论;潘一山等[44]从区域、时间和深度等方面研究了我国冲击地压事故的发生特征,并将冲击地压分为煤体压缩型、顶板断裂型和断层错动型三类,同时对每一种类型冲击地压的发生机理进行了研究;姜福兴等[45-46]对南屯煤矿软硬互层条件下工作面冲击地压的发生机理进行了研究,分析了厚硬岩层、煤层发生冲击地压的主要原因,提出了"震-冲"型冲击地压的发生机理、预测和控制方法;谭云亮等[47]研究了深部煤巷帮部失稳诱冲机理,得出了煤体

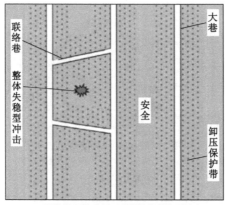

（a）联络巷布置不合理诱发整体失稳型冲击

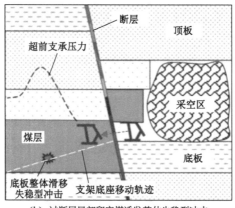

（b）过断层局部留底煤诱发整体失稳型冲击

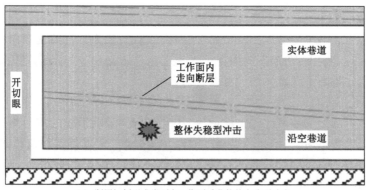

（c）断层切割形成类孤岛工作面诱发整体失稳型冲击

图1.3.3　整体失稳型冲击地压类型

及其顶底板内积聚的弹性变形能共同释放是导致深部煤巷帮部发生冲击破坏的基本力学机制；姜耀东、赵毅鑫等[48-49]研究了"煤体-围岩"系统的热力学平衡状态，提出了基于熵变的冲击地压发生机制，并研究了具有冲击倾向性煤体的受压红外辐射特征和细观力学结构；潘俊锋、夏永学等[50-53]通过模拟实验、现场试验和理论分析的方法研究了冲击地压发生的启动、能量传递和显现三个物理演化过程,分析了力源关系和材料-结构失稳机制,形成了冲击地压启动理论;马念杰、赵志强等[54-57]通过分析巷道围岩破坏中塑性区的形态和演化过程,给出了冲击地压发生的蝶形破坏准则。

近年来在覆岩关键层运动、动载扰动诱发冲击地压等方面也有部分学者进行了研究。

汪华君[58]通过对鲁西煤矿和义马常村煤矿井下微地震覆岩空间结构监测的工程实践,验证和应用了关于四面采空采场"θ"型覆岩多层空间结构的理论。

成云海[59]通过微震监测研究了华丰煤矿开采过程中三面采空形成的"C"型覆岩空间结构,并分析了其应力分布规律。

史红等[60]分析了"S"型覆岩空间结构的运动特点,并研究了覆岩运动诱发煤柱冲击的机理。

刘懿、姜福兴等[61-62]从上覆岩层对采场煤岩体所施加的力的影响角度,将覆岩分为"即时加载带""延时加载带""静载带",同时研究了覆岩"载荷三带"的力学边界和载荷传递机制。

舒凑先、姜福兴等[63-64]根据陕蒙地区矿井的地质开采条件,研究了不同运动岩层组的载荷传递机制,建立了工作面侧向和走向支承压力估算模型,揭示了陕蒙地区工作面支承压力分布规律。

于洋[65]根据岩石动力学理论建立了坚硬顶板破断的动载作用模型,揭示了动载强度与顶板断裂之间的递推关系,并通过分析得出采场及巷道的动载强度主要受上覆坚硬岩层岩性和厚度的影响,在相同岩性条件下,与上覆岩层累加厚度有关。

杨胜利[66]提出了坚硬厚岩层顶板切落破断的动载荷计算方法,通过研究得出动载荷大小与基本顶岩块破断大小、直接顶和基本顶离层量有关系,离层量越大、破断块度越大形成的动载荷越大。

何江等[67-68]通过力学模型和数值模拟的方法研究了顶板矿震作用下煤壁应力与质点振速的关系,分析了顶板型冲击地压的机理和分类,并对顶板型冲击地压实例进行了分析验证。

贺虎等[69]通过微震监测研究了覆岩关键层"O-X"型破断时诱发冲击地压的机理。

崔峰等[70]采用相似材料模拟的方法研究了实体煤和采空区下回采微震事件特征和矿压分布的关系,分析了煤岩能量积聚和释放的影响,从而揭示了关键层断裂诱冲机制。

上述学者采用不同方法、从不同角度研究了覆岩运动对冲击地压的影响,取得了大量成果,本书以此为基础对冲击地压发生机理进一步研究。

1.3.2 冲击地压监测技术研究现状

目前煤矿应用较多的冲击地压监测技术包括:冲击倾向性测定、地应力测量、钻屑法、应力法、微震法、电磁辐射法等。

冲击倾向性测定通过测定弹性能量指数、冲击能量指数、动态破坏时间、单轴抗压强度和弯曲能量指数来评价煤岩体发生冲击的可能性,反映煤岩体聚集能量、瞬间破坏释放的内在属性。我国的冲击地压矿井都需要进行冲击倾向性测定。

地应力测量主要用于确定煤岩体应力状态和主应力方向,指导工作面布置和巷道支护,通常新矿井或新采区开采前都要进行地应力测量,为后期冲击危险性评价、冲击地压治理工作提供基础数据。

钻屑法是目前煤矿应用最广泛的一种临场冲击危险性评价方法,最早在联邦德国等国家开始研究,引入国内后广泛应用于煤与瓦斯突出、冲击地压等煤矿动力灾害的监测预警。它通过钻进过程中的排粉量、吸钻及卡钻等动力现象来判断应力随钻孔深度的变化[71-74],钻屑量指标可视为一个煤岩体受力、材料属性的综合指标,能够较好地反映现场的冲击危险性。

应力法是指通过在煤岩体中安装钻孔应力计监测采场支承压力的变化,并根据经验和实验研究给出基于应力监测值的预警值,当应力监测值大于设定的预警值时进行冲击地压预警。应力法是我国冲击地压矿井应用最广泛的局部监测方法之一,目前我国煤矿应用较多的煤岩体应力监测系统有天地科技股份有限公司的 KJ21 系统、北京安科兴业科技股份有限公司的 KJ550 系统等,通过监测支承压力分布规律可以进行煤柱尺寸和终采线的合理留设,监测数据也可以进行冲击地压的实时预警[75-77]。

微震法是目前冲击地压矿井应用最广泛的区域监测方法,可以对采场周边较大范围内的覆岩活动产生的震动进行监测,并通过定位分析微震事件的时空分布特征。微震监测能够实时记录较大的震动或冲击事件,为事后分析提供数据支撑,目前国内专家也在研究通过以往微震事件的发生规律对未来可能发生的冲击强度和位置进行预测[78]。微震监测数据分析不应单纯地进行数据统计,要充分结合矿山压力理论,如"砌体梁"理论[79-81]、"传递岩梁"理论[82]、"关键层"理论[83]、采场支承压力相关研究成果等[84-86]。目前常见的微震监测系统主要是我国的 KJ551 系统、波兰的 SOS 和 ARAMIS 系统、加拿大的 ESG 系统等。

电磁辐射法的原理是当煤岩体受载发生破裂时会向外辐射电磁能量,且辐射的电磁信号的强度和频率随煤岩体应力变化而变化,通过对电磁辐射的监测可以间接监测煤岩体的应力,进而进行冲击地压的预测[87-89]。

近几年国内部分高校和厂家基于大数据、云平台技术将以上单参量的监测结果进行综合分析,提出了一些多参量预警分析方法[90-93],提高了冲击地压监测预警的准确性。

1.3.3 冲击地压预警研究现状

在冲击地压预警中,由于冲击地压发生的随机性和突发性,以及破坏形式的多样性,单凭一种方法往往效果较差,应根据具体情况,在分析地质条件和生产条件的基础上,采用多种方法进行综合预警,这已成为目前冲击地压预警的主要途径,被许多国家采用。近 20 a 来,冲击地压预警在理论和技术上虽然取得了长足的发展,但由于冲击地压发生原因和条件的复杂性和多样性,科技发展水平以及人们认识与实践的局限性,目前还不能完全实现准确的预警。

(1)微震监测预警指标

众多学者对微震监测数据进行挖掘,相继提出了多种冲击地压风险微震预警指标。微震监测系统根据接收的震动波信号计算出震源位置、能量等信息,然后通过对微震事件能量和频次进行分析能够判断出冲击地压风险。在煤岩体破断过程中将会产生微震事件,一般而言微震事件能量越大、频次越高,冲击地压风险越高。

1944 年美国学者 B. Gutenberg 和 C. F. Richter[94]提出了著名的地震学基本定律之一的"G-R"关系式,该关系式描述了地震震级与频次的关系,认为累计发生大于震级 M 的地震频次 N 与震级 M 满足线性关系,其中线性拟合参数 b 值减小是高能量震动事件发生的前兆。夏永学等[95]利用地球物理学知识优选了 5 个具有明确物理意义的指标作为冲击地压预警指标。刘建坡[96]通过对矿山灾害微震监测进行了研究,认为累计视体积空间相关长度持续增大,能量指数、分形维数、b 值减小的现象可以作为岩爆前兆信息。谷继成等[97]基于模糊数学中的模糊熵和欧式空间距离概念提出了对地震活动性的强弱定量描述的地震活动度 S 指标,地震活动度 S 的值受到地震频率、平均能量、最高能量、震动空间分布及其记忆效应等多重因素影响,包含了地震活动性的时间、空间、强度三个维度的特征。刘辉等[98]研究了冲击地压前微震能量及频次、断层总面积等指标的变化特征,提出了多指标综合预警方法。蔡武[99]提出了"一个中心,四个变化,五个指标"的微震多参量时空监测预警体系,使用以描述微震活动性的时间、空间、强度多维信息指标进行了冲击地压预警。王盛川[100]通过对褶皱区顶板型冲击地压监测原理进行研究,提出了以 b 值、断层总面积、时间信息熵等指标反映震动场,外加反映应力场的震动波层析成像异常系数和反映能量场的冲击变性能共同组成了冲击地压"三场"监测预警指标体系。

提取的微震时间时序特征是重要的冲击地压前兆信息,但是震动波的全波形中也同样蕴含着丰富的信息,在冲击地压发生前后微震信号频谱也有显著的变化。王恩元等[101]研究了煤岩体加载破坏过程中震动波信号频谱特征,认为随着煤岩体破坏程度增加声发射信号增强,主频带增高。陆菜平等[102]利用时-频分析技术对三河尖煤矿现场监测微震信号进行了频谱分析,认为微震信号的频谱向低频段移动,且振幅逐渐增大可以作为冲击地压发生的一个前兆信息。曹安业等[103]对高应力区微震信号波形特征和频谱特征进行了分析,认为振幅大、衰减快、尾波长、频带窄是冲击地压震动信号的典型特征。肖亚勋等[104]研究了深埋隧道岩爆孕育过程中微震信号主频变化特征,发现强烈岩爆孕育过程中微震主频逐渐降低且一般低于 200 Hz。由此可看出,冲击地压发生前后微震监测结果的时序变化特征引起了众多学者的关注,他们相应提出了丰富的冲击地压风险预警指标。

（2）多参量预警方法

由于冲击地压发生机理不清晰、发生过程复杂、影响因素众多,使用单一的预警指标对冲击地压风险预警效果不理想,利用数学方法构建能够综合多个预警指标的冲击地压多参量综合预警方法越来越引起学者们注意,经常使用的冲击地压多参量综合预警方法主要有加权平均法、贝叶斯推理及证据推理、模糊数学理论等。

加权平均法是最常用的方法,以多个预警指标进行加权平均值作为判断冲击地压风险的值,具有参数少、物理意义明确的优点,但是存在准确率不高的缺点。

贝叶斯推理是利用概率论的方法,通过对不同指标的条件概率和联合分布概率进行分析,以后验概率反映冲击地压危险程度。A. P. Dempster[105]提出的证据推理是贝叶斯推理的扩充,G. Shafer 对其进行了完善,因此证据理论也被称为 Dempster-Shafer 理论,简称 D-S证据理论。多名学者将 D-S 证据理论应用于冲击地压预警中,研究表明 D-S 证据理论能够较好地融合多种信息来源提高预警准确率。夏永学等[106]采用 D-S 证据冲突概率平均加权融合算法得到了改进的冲击地压监测数据的融合预警方法。何生全等[107]建立了冲击地压多参量集成监测预警云平台。

模糊数学理论利用隶属度反映事件发生的可能性,将问题不确定性直接带入推理过程中,对信息的处理更符合人类思维方式,也被用来构建冲击地压预警模型。陈秀铜等[108]基于对冲击地压影响因素分析,利用系统工程决策方法与模糊数学理论构建了一种层次分析法-模糊数学理论-冲击地压预测模型,将模型预测结果分别与数值模拟和现场结果对比,取得了理想的应用效果。N. Hu 等[109]基于模糊数学理论对各类冲击地压危险程度进行模糊综合评价,发现多准则模糊数学理论在冲击地压预测中应用效果良好。蔡武等[110]利用最大隶属度原则和可变模糊模式识别,对岩爆事件的发生概率进行了定量评估。

1.3.4 冲击地压防治技术研究现状

为有效防治冲击地压,应坚持区域与局部相结合的防治措施,以区域先行、局部跟进为策略,目前冲击地压矿井主要采取的防治措施如下。

（1）区域性防治措施

① 开拓布局和开采方式

在开采设计时,通过优化巷道布置、选择合理的开采方法,从总体上降低应力集中,为冲击地压防治创造好的条件。布置的主要原则是禁止将采掘巷道与工作面布置在构造应力带和采动支承压力高峰位置,尽量将巷道布置在采动"内应力场"中或者卸压区。

② 开采保护层

通过优先开采没有危险或者危险性较低的上、下煤层,使有冲击危险的煤层开采时处在卸压保护带内,降低了应力集中,从而降低了开采时的冲击危险。大量现场实践证明开采保护层可以有效降低煤层开采时的冲击危险性。

③ 煤层预注水

通过煤层开采前提前打孔注水来软化煤体、降低煤体强度与冲击倾向性,从而降低煤层开采时的冲击危险性。实践证明煤层注水从弱化煤岩物理力学性质角度来进行区域冲击地压防治的效果良好。

④ 厚层坚硬顶板预处理

厚层坚硬顶板容易出现大面积悬顶,一方面引起采场支承压力的高度集中,另一方面顶板破断时易产生较大的动载影响,不利于冲击地压的防治。针对厚层坚硬顶板,可采取顶板爆破、定向水力压裂技术等方法进行预裂处理,以减小悬顶面积及来压周期,从而降低开采时的冲击危险性。厚层坚硬顶板定向水力压裂技术示意图如图 1.3.4 所示。

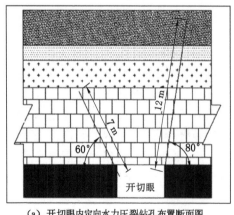
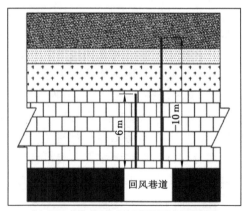

（a）开切眼内定向水力压裂钻孔布置断面图　　（b）回风巷道内定向水力压裂钻孔布置断面图

图 1.3.4　厚层坚硬顶板定向水力压裂技术示意图

（2）局部防治

① 爆破卸压技术

爆破卸压技术是防治煤矿冲击地压的一种有效解危措施,其原理为通过爆破使煤体产生裂隙来改变煤体的力学性质,以缓解局部应力集中。但是,由于火工品的使用要求比较严格,且在高瓦斯的冲击地压矿井不宜采用爆破方式,该防治措施尚未得到广泛应用。爆破卸压技术示意图如图 1.3.5 所示。

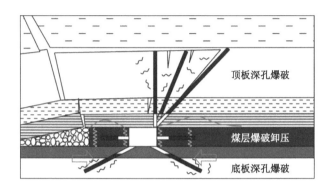

图 1.3.5　爆破卸压技术示意图

② 大直径钻孔卸压技术

大直径钻孔卸压技术的原理为通过在煤体中钻进一定数量的大直径钻孔,以达到增加煤体应变率、减少能量积聚、降低破坏强度的目的,从而实现煤体的低密度与低强度。该技术是目前煤矿现场应用最为广泛的卸压措施之一,对冲击地压防治起到了良好的效果。

1.4　研究内容与技术路线

1.4.1　研究内容

（1）彬长矿区冲击地压现状及发展历程

根据彬长矿区地质构造、煤层赋存及顶底板特征,分析冲击地压因素及其特点,划分彬长矿区冲击地压发生类型,从而揭示出彬长矿区冲击地压发生机理及规律。总结彬长矿区冲击地压防治发展历程,逐步探索形成"以零冲击为目标,以冲击地压可预、可防、可控为理念,应用 5 种监测方法,深化 5 项卸压技术"的井上下立体防冲"1155"新模式。

（2）彬长矿区井上下联合监测技术体系

依据"区域先行、局部跟进、分区管理、分类防治"原则,经过多年的实践探索,逐渐形成具有彬长矿区特色的地面与井下、区域与局部相结合的联合监测技术体系。通过已建成的微震、地音、应力在线、矿压等 4 套冲击地压监测系统,制定多参量综合预警指标,开发冲击地压综合预警平台,形成以微震为主的区域监测和以地音、应力在线为主的局部监测体系,从而实现远场与近场的全方位实时监测。

（3）彬长矿区井上下协同卸压技术体系

以水平井分段压裂和井下高位长钻孔水力压裂、断顶爆破、煤层爆破和大直径钻孔卸压等相结合的卸压方法，实现冲击地压超前、区域性和源头治理。通过井上下立体防治冲击地压新模式，采用以地面区域性压裂为主、以井下局部治理为辅的立体防控技术，突破防治冲击地压的传统技术壁垒，丰富技术手段。通过压裂煤层的厚层顶板，对岩体结构及力学特效进行物理和化学改造，降低顶板岩石整体强度以及岩体内部应力，从而控制工作面的动压灾害显现。

（4）彬长矿区冲击地压防治实践与示范

采用区域与局部相结合的监测预警方案，基于区域防范优化设计和局部主动解危相结合的冲击地压防治理念，根据巷道冲击危险区域等级和现场实际情况，采取不同的卸压措施，包括煤层大直径钻孔卸压、煤层爆破卸压和顶板深孔预裂爆破等。冲击地压防治是一项系统工程，在后续的井田开拓和开采中应遵循以下冲击地压防治思路：防治结合、先防后治、以防为主，即优先进行冲击地压区域防范设计，以冲击地压危险预评估为基础，分阶段和分区域进行冲击地压的动态防治。

（5）彬长矿区冲击地压防治关键技术与装备

为最大限度降低冲击地压危险性，实现冲击地压的超前、源头治理，对矿井布局、大巷层位进行了优化调整，采取了地面"L"型水平井分段压裂技术、井下顶板定向长钻孔水力压裂技术、煤层大直径钻孔卸压和煤层爆破卸压技术、水射流旋切技术以及防冲支架超前支护技术等冲击地压防治关键技术，并研发了防治关键技术配套实施装备，同时采取了相应的安全防护措施，保障了矿内煤炭资源的安全高效回采，为冲击地压灾害控制树立了典型示范。

（6）彬长矿区冲击地压防治制度保障

从地质保障、组织保障、技术保障、管理保障以及投入保障5个方面设计顶层保障，构建更全面的冲击地压防控体系，构建涵盖从公司级到现场作业管理的多层级防治制度，整个制度体系以"一矿一策"为原则，强调科学管理和技术创新，确保矿区安全生产。

1.4.2　技术路线

本书围绕"彬长矿区井上下立体防治冲击地压探索与实践"这一研究主题，在进行大量的文献阅读、产品调研、现场踏勘的基础上，运用理论分析、力学试验、现场实测、数值模拟等手段，分析研究彬长矿区工作面矿压显现特征；从彬长矿区地质构造特征和煤层及其顶底板特征出发，总结冲击地压发生特点，分析冲击地压影响因素，揭示冲击地压发生机理，研究冲击地压预警技术，同时概述冲击地压防治发展历程；建立彬长矿区冲击地压井上下联合监测体系，采用大直径钻孔卸压、煤层爆破卸压和顶板岩层"钻-切-压"等井上下协同卸压技术，实施彬长矿区冲击地压防治实践与工程示范，完成彬长矿区井上下立体防治冲击地压探索与实践；构建彬长矿区冲击地压管理机制和保障方案。预期建立适合于彬长矿区的井上下立体防治冲击地压模式，打造高位岩层水平井压裂＋低位岩层井下压裂卸压防治冲击地压新模式，研发形成彬长矿区冲击地压防治成套关键技术与装备。本书技术路线图如图 1.4.1 所示。

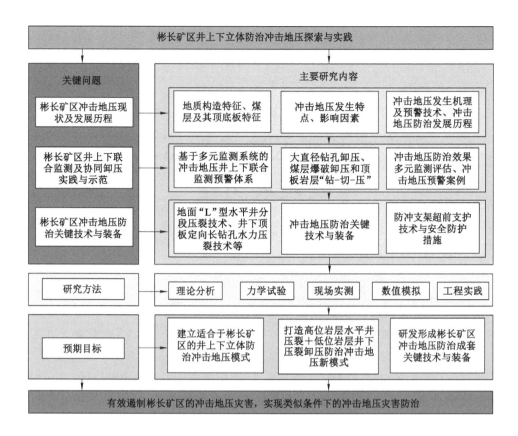

图 1.4.1 本书技术路线图

2 彬长矿区冲击地压现状及发展历程

2.1 彬长矿区概况

2.1.1 自然地理

彬长矿区位于陕西省中西部彬州市及长武县之间,东西长 32 km,南北宽 30 km,面积 960 km²,属陕北黄土高原与陇东黄土高原接合处的塬梁沟壑区,地势西南高东北低。泾河自西北向东南贯穿矿区中部,将全区分割成东北、西南两塬加川道的地貌格局。两个塬体均向泾河下游倾斜,塬面破碎,沟壑密集。矿区基本地貌有河谷平川、黄土塬梁和沟壑三种。塬面最高海拔+1 183.1 m,河谷最低海拔+846.4 m,相对高差 150～230 m。

矿区河流以泾河为主,呈羽状分布,共有大小 11 条河流汇入泾河。泾河是渭河的最大支流,发源于宁夏六盘山东麓。泾河总体自西北流向东南,在彬州市北极镇雅店村进入矿区后转为向南流动,在长武县亭口镇黑河汇入后,流向再次转为东南。泾河年平均流量 57.60 m³/s,最大洪峰流量 15 700 m³/s(1911 年),枯水期最小流量 1 m³/s(1973 年)。

矿区属暖温带半干旱大陆性季风气候区。年平均气温为 11.1 ℃,极端最高气温为 40 ℃,极端最低气温为-22.5 ℃。霜期一般为 10 月中旬至来年 4 月中、下旬;冰冻期一般为 12 月上旬至来年 2 月下旬;冻土层最大厚度 36 cm。年平均降雨量 333.6 mm,蒸发量大于 900 mm;每年 3—5 月为西北季风期,最大风速 12.7 m/s。

2.1.2 地层

彬长矿区地层区划属华北地层区鄂尔多斯盆地分区。根据地质填图及钻孔揭露,矿区地层(表 2.1.1)由老到新有:上三叠统胡家村组(T_3h);下侏罗统富县组(J_1f);中侏罗统延安组(J_2y)、直罗组(J_2z)、安定组(J_2a);下白垩统宜君组(K_1y)、洛河组(K_1l)、华池组(K_1h);新近系(N);第四系(Q)。

表 2.1.1 彬长矿区地层一览表

地层			代号	厚度/m	岩性简述	勘探分布情况
系	统	组				
第四系	全新统		Qh	0~20	砾石、砂土及冲积层	全矿区分布
	上更新统	马兰组	Qp_3m	7~15	土黄色粉砂质黄土。松散状,质均,大孔隙度	全矿区分布
	中更新统	离石组	Qp_2l	60~130	黄色亚黏土,夹 15~18 层古土壤层。致密,较 Qp_3m 坚硬,含蜗牛化石	全矿区分布
	下更新统		Qp_1	0~45	黏土质黄土,下部有 5~7 层古土壤层,并夹有钙质结核层,为冰积物形成	矿区西南的黑河沟谷有零星出露
新近系			N	40~100	棕红色黏土,富含大量海绵状钙质结核	矿区大部分布
白垩系	下统	华池组	K_1h	0~185.8	紫红色泥岩夹同色细粒砂岩	矿区大部分布,主要沟谷有出露
		洛河组	K_1l	75.00~388.53	紫红色中细粒砂岩夹泥岩及砂砾岩。巨厚层状,具大型斜层理及交错层理	全矿区分布,东南部出露
		宜君组	K_1y	28~76	棕红色块状砾岩,成分主要为石英岩、花岗岩及少量的变质岩岩块	全矿区分布,地表无出露
侏罗系	中统	安定组	J_2a	0~103	紫红、灰绿色杂砂岩夹砂质泥岩及泥灰岩透镜体	全矿区分布,地表无出露
		直罗组	J_2z	10~67	蓝灰、灰绿色粗砂岩,上部夹暗紫色泥岩,蓝灰色为该层的主色调,底部有一层灰白色中粗粒长石砂岩	全矿区分布,地表无出露
		延安组	J_2y	0~139	分为三段。第一段为灰色泥岩,含 4 煤层,底部为灰褐色铝质泥岩,富含植物根系化石;第二段为浅灰色砂泥岩互层,含 $4^{上}$煤层;第三段含 1、2、3 煤层	全矿区分布,地表无出露
	下统	富县组	J_1f	0~82	下部中粗砂岩、角砾岩,上部紫红色铝土质泥岩	全矿区分布,地表无出露
三叠系	上统	胡家村组	T_3h	35~67	灰绿色中细砂岩夹泥岩,含灰质结核。泥岩为黑色、黑灰色,质细,致密,水平层理极其发育,稍微风化即成"镜片"	全矿区分布,地表无出露

2.1.3 构造

彬长矿区位于鄂尔多斯盆地南部渭北北缘的彬州—黄陵坳褶带,其主体构造为近北东东方向的宽缓褶皱构造,断裂构造少见(图 2.1.1)。

矿区地表大面积被黄土层所覆盖,沟谷中出露的白垩系地层产状较为平缓,其深部侏罗系隐伏构造走向北东 50°~70°,倾向北西~北北西。矿区总体构造形态为中生界构

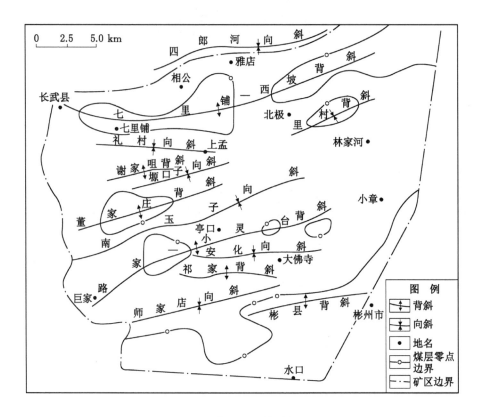

图 2.1.1　彬长矿区构造纲要图

成的北西向缓倾斜大型单斜构造。在其单斜之上产生一些宽缓而不连续的褶皱。矿区发育的褶皱自南向北依次有彬县背斜、师家店向斜、祁家背斜、安化向斜、路家—小灵台背斜、南玉子向斜、董家庄背斜、墭口子向斜、谢家咀背斜、礼村向斜、里村背斜、七里铺—西坡背斜。这些宽缓的背斜和向斜对矿区煤层的分布具有一定的控制作用。褶皱的轴向与矿区地层走向一致，在彬州市一带呈东西向，在彬州市以西大部分呈北东东向，少部分近东西向，在彬州市以东呈北东向；褶皱两翼多不对称，南翼较缓，一般 1°～3°，北翼较陡，一般 4°～8°；褶皱轴长 10～30 km。孟村井田位于七里铺—西坡背斜与董家庄背斜之间，包含墭口子向斜、谢家咀背斜和礼村向斜。

　　矿区内断层较多，但断距较小，且以正断层为主。在矿区东南部的水帘洞、火石咀、下沟煤矿的生产矿井中见到少量断距为 2～6 m 的小断层；大佛寺煤矿生产揭露与地震勘探发现断层 68 条，性质以张性及张扭性正断层为主，计 60 条，逆断层 8 条，其中 4$^{\pm}$ 煤层中全为正断层，平均断层密度 10 条/km^2，4 煤层中以正断层为主，平均断层密度 3.1 条/km^2。矿区所见断层最大落差 19 m，以落差大于 3 m 的断层为主，占 83.8%。这反映了矿区构造相对复杂。

2.1.4　水文地质

　　彬长矿区属鄂尔多斯中生代承压水盆地范畴，地层由下白垩统（K$_1$）、侏罗系（J）、上三叠统（T$_3$）组成，地下水以基岩层状承压裂隙水为主，第四系潜水孔隙水次之，属于鄂尔多斯盆地内泾河—马莲河(Ⅱ₅区)二级地下水系统。该地下水系统分布于鄂尔多斯盆地南部(白于山以南)子午岭西侧,其北部以白于山地表分水岭为界,东到子午岭,西与平凉—泾阳和太阳山岩溶子系统相接,南为侏罗系隔水边界,面积 $3.45×10^4$ km²。

彬长矿区松散层潜水主要接受大气降水补给,基岩承压水主要接受区域径流补给,浅层基岩承压水在露头部分为承压转无压型,接受大气降水及上覆松散层潜水的补给。松散层潜水径流方向受地形地貌控制,由地势较高处流向沟谷方向,以泉的形式进行排泄。中深部下白垩统承压水围绕亭口—安化一带通过露头部分向地表水系排泄。深部侏罗系含水层在矿区外地下水单元边缘露头区接受大气降水补给,并向深部运移。

2.1.5　井田概况

(1) 大佛寺煤矿

大佛寺煤矿隶属于陕西彬长矿业集团有限公司,矿井位于咸阳市彬州市和长武县境内,井田面积 71.29 km²,矿井设计生产能力 8.0 Mt/a(改扩建后),截至 2019 年年底保有资源储量 956.38 Mt,剩余可采储量 578.51 Mt,剩余服务年限 51.6 a,于 2004 年 5 月开工建设,2008 年 8 月通过国家验收竣工。大佛寺煤矿主采 4 煤层,4 煤层全井田分布。全井田共划分 12 个采区,采用综合机械化和炮掘相结合的掘进工艺,综采放顶煤采煤方法。

(2) 胡家河煤矿

胡家河煤矿隶属于陕西彬长矿业集团有限公司,矿井位于陕西省咸阳市长武县境内,于 2008 年 8 月开工建设,2012 年 10 月投产。矿井采用单水平开拓方式,主采 4 煤层,设计生产能力 5.0 Mt/a,服务年限 69.0 a。全井田共划分 9 个盘区,其中 3 煤层 3 个盘区,4 煤层 6 个盘区,使用分层综采放顶煤采煤方法。矿井为高瓦斯矿井,矿井正常涌水量 1 320 m³/h,最大涌水量 1 400 m³/h。

(3) 小庄煤矿

小庄煤矿隶属于陕西彬长矿业集团有限公司,矿井位于咸阳市彬州市境内,井田面积 46.23 km²,于 2010 年开工建设,2014 年 9 月投产。矿井采用单水平立井开拓方式,设计生产能力 6.0 Mt/a,服务年限 74.8 a。小庄煤矿主采 4 煤层。全井田共划分 6 个盘区,采用综合机械化和炮掘相结合的掘进工艺,综采放顶煤采煤方法。

(4) 文家坡煤矿

文家坡煤矿隶属于陕西彬长矿业集团有限公司,矿井位于咸阳市彬州市境内,井田面积 87.39 km²,可采储量 346.0 Mt,矿井设计生产能力 4.0 Mt/a,服务年限 61.1 a,于 2016 年 8 月投产。文家坡煤矿主采 4 煤层,4 煤层全区可采。全井田共划分 12 个盘区,采用综合机械化和炮掘相结合的掘进工艺,综采放顶煤采煤方法。

(5) 孟村煤矿

孟村煤矿隶属于陕西彬长矿业集团有限公司,矿井位于咸阳市长武县境内,井田面积 63.60 km²,可采储量 585.08 Mt,矿井设计生产能力 6.0 Mt/a,服务年限 71.6 a。2009 年 9 月矿井开工建设,2018 年 6 月首采工作面进入试生产。孟村煤矿主采 4 煤层。全井田共划分 5 个盘区,采用走向长壁分层综合机械化放顶煤采煤方法,全部垮落法管理顶板。

2.2 彬长矿区煤层及其顶底板特征

2.2.1 含煤地层

在彬长矿区详查地质报告中,含煤地层延安组根据岩性、岩相、旋回结构及沉积组合特征,划分为三段,自下而上依次为第一段、第二段、第三段。第一段含 8 煤层,第二段含 4～7 煤层,第三段含 1～3 煤层。

在 1993 年进行的大佛寺井田勘探中,发现井田北部 5 煤层与 8 煤层合并为一层,6、7 煤层在井田西部属 5 煤层的两个分叉煤层。为此,对含煤地层及煤层进行了重新划分和对比,将延安组划分为上、下两段,煤层自上而下归并为 4 个煤层(组)。

为了保持彬长矿区各井田煤层划分与对比的一致性,避免煤层编号的混乱,以满足矿业权人的需要,在后面相继完成的小庄井田和胡家河井田勘探报告中,统一将原矿区详查报告中的 8 层煤对比归并为 4 个煤层(组)。因含煤地层的 3 个沉积旋回结构发育完整、清晰,含煤段的划分仍沿用详查报告中的三段划分方案。

在 2007 年孟村井田勘探报告中,含煤地层和煤层划分采用延安组的三段划分和 4 个煤层(组)编号的方案。延安组仅发育第一段和第二段。第一段发育的 4 煤层为巨厚煤层,结构简单,全区可采,对比标志显著、明确,相当于详查报告中的 8 煤层,与大佛寺井田、小庄井田、胡家河井田的 4 煤层属同一层煤。第二段一般仅有中下部,井田内保存程度不一,仅个别点零星发育薄煤层,全区不可采,煤层编号为 $4^{\text{上}}$ 煤层。彬长矿区含煤地层及煤层编号沿革表见表 2.2.1。

表 2.2.1 彬长矿区含煤地层及煤层编号沿革表

详查地质报告(1987 年)			大佛寺井田勘探报告(1993 年)			孟村井田勘探报告(2007 年)		
含煤地层划分		煤层编号	含煤地层划分		煤层编号	含煤地层划分		煤层编号
延安组 J_2y	第三段 (J_2y^3)	1	上段 (J_2y^2)		1	第三段 (J_2y^3)		该段缺失
		2			2			
		$3(3^{-1}、3^{-2})$			$3(3^{-1}、3^{-2})$			
	第二段 (J_2y^2)	4	延安组 J_2y	下段 (J_2y^1)	无编号	延安组 J_2y	第二段 (J_2y^2)	$4^{\text{上}}$
		5 5^{-1}		$4^{\text{上}}$	$4^{\text{上}-1}$			
		5^{-2}			$4^{\text{上}-2}$			
		5^{-3}			$4^{\text{上}}$			
		6			无编号			
		7			无编号			
	第一段 (J_2y^1)	8 8^{-1}			4		第一段 (J_2y^1)	4
		8^{-2}						
		8^{-3}						

2.2.2　井田可采煤层及其顶底板特征

（1）大佛寺煤矿可采煤层为 4 煤层，4 煤层位于延安组底部，可采面积 66.76 km²，为全区可采煤层。煤层厚度 0～19.42 m，平均 10.58 m，属特厚煤层。煤层埋深 288.67～738.54 m，结构简单。夹矸厚度 0.10～0.30 m，岩性以泥岩、碳质泥岩为主。煤层伪顶为小于 0.50 m 的碳质泥岩，直接顶板以泥岩、砂质泥岩为主，属全区可采的稳定煤层。

（2）胡家河煤矿可采煤层为 3、4 煤层，3 煤层位于延安组第二段中上部，煤层厚度 1.00～4.27 m，平均厚度 2.45 m，西厚东薄。3 煤层中一般含 1～2 层夹矸，夹矸岩性多为泥岩，在赋煤范围内属大部可采煤层，煤层稳定。3 煤层顶板岩性以泥岩为主，底板岩性以泥岩、粉砂岩为主。4 煤层位于延安组第一段的底部，煤层厚度 0～26.20 m，平均厚度 14.49 m，结构较简单，一般含夹矸 2 层，且夹矸位于煤层的中上部，属大部可采煤层。4 煤层顶板岩性以灰、深灰色粉砂岩、泥岩为主，底板则以灰、灰褐色铝质泥岩为主。

（3）小庄煤矿主要可采煤层为 4 煤层，4 煤层赋存于延安组第一段。4 煤层厚度 0.80～35.02 m，平均 18.01 m；煤层底板标高 310.00～550.00 m，埋深 380.00～800.00 m。4 煤层属基本全区可采的稳定煤层。4 煤层夹矸为泥岩和碳质泥岩，煤层伪顶为小于 0.50 m 的碳质泥岩，零星分布。煤层直接顶类型较多，有泥岩、粉砂岩、细砂岩、粗砂岩及砾岩。4⁻¹ 煤层分布于延安组第一段，煤层厚度 0.90～5.16 m，平均厚度 1.87 m，结构简单，一般含 1 层夹矸。4⁻¹ 煤层底板标高 360.00～540.00 m，埋深 600.00～700.00 m，属局部可采的较稳定煤层。

（4）文家坡煤矿的 4 煤层为绝大部可采煤层，1 煤层和 2 煤层为大部可采煤层。4 煤层位于延安组第一段，全区分布，煤层厚度 0.30～14.61 m，平均 8.00 m，可采率 96.94%，可采面积 66.42 km²。4 煤层结构简单、较简单，夹矸 0～6 层，夹矸层数自西而东增多，夹矸岩性为碳质泥岩和泥岩。1 煤层位于延安组第三段上部，可采率 67.02%，煤层厚度 0.30～3.52 m，平均厚度 1.34 m，可采面积 30.97 km²，属大部可采煤层。2 煤层位于延安组第三段，可采率 50.00%，煤层厚度 0.20～1.60 m，平均厚度 0.76 m，可采面积 40.41 km²，属大部可采煤层。

（5）孟村煤矿可采煤层为 4 煤层，4 煤层全井田分布，可采指数 100%，可采面积 60.00 km²，可采率 94.34%，煤层厚度 3.10～26.30 m，平均厚度 15.43 m，结构简单，夹矸单层厚度 0.10～0.30 m，总厚度 0.20～0.55 m，平均厚度 0.27 m，一般为 0.20～0.30 m。煤层夹矸以泥岩、砂质泥岩为主，碳质泥岩次之。煤层埋深 393.00～889.74 m，平均埋深 664.49 m，底板标高 259.01～454.56 m。煤层伪顶为小于 0.50 m 的碳质泥岩，分布零星。煤层直接顶以泥岩、砂质泥岩为主，粉砂岩和细砂岩次之。

2.2.3　煤层及其顶底板冲击倾向性特征

（1）鉴定依据

依据《煤和岩石物理力学性质测定方法》系列标准和《冲击地压测定、监测与防治方法》系列标准，对彬长矿区各个煤矿煤层及其顶底板进行冲击倾向性鉴定。

分别测试煤样的动态破坏时间、弹性能量指数和冲击能量指数，并结合单轴抗压强度鉴定煤层的冲击倾向性，具体依据见表 1.3.1。依据顶板岩层的厚度、密度、弹性模量及抗拉强度，计算其弯曲能量指数及复合岩层弯曲能量指数，判定顶板岩层的冲击倾向性，具体依据见表 1.3.2。底板岩层的冲击倾向性鉴定无相关国家标准,可参考顶板岩层的冲击倾向性鉴定方法进行。

（2）鉴定结果

经对彬长矿区各煤矿煤岩取样测试后得出彬长矿区各煤矿煤层及其顶底板的冲击倾向性鉴定结果,如表 2.2.2 所列。鉴定结果显示,彬长矿区各煤矿煤层及其顶板均具有冲击倾向性。

表 2.2.2　彬长矿区各煤矿煤层及其顶底板冲击倾向性鉴定

煤矿名称	煤层冲击倾向性鉴定结果	顶板冲击倾向性鉴定结果	底板冲击倾向性鉴定结果
孟村煤矿	强冲击倾向性	强冲击倾向性	强冲击倾向性
胡家河煤矿	强冲击倾向性	强冲击倾向性	强冲击倾向性
小庄煤矿	弱冲击倾向性	弱冲击倾向性	弱冲击倾向性
大佛寺煤矿	弱冲击倾向性	弱冲击倾向性	无冲击倾向性
文家坡煤矿	弱冲击倾向性	弱冲击倾向性	弱冲击倾向性

2.3　彬长矿区冲击地压发生特点

近年来,一些专家学者对于冲击地压发生特征和预测技术进行了研究。齐庆新等[111]将冲击地压的发生归纳为三个因素共同作用的结果,即煤岩冲击倾向性、裂隙结构界面、高应力集中区域及开采扰动,并据此提出了"三因素"理论,认为冲击地压发生是内在因素、结构因素、力源因素共同作用的结果。近年来随着科学技术的不断发展,对于冲击地压理论的研究也有了许多新的进展。潘一山[112]通过对冲击地压煤岩结构系统的研究,提出了扰动响应理论,讨论了针对扰动量的冲击地压防治方法。窦林名等[113-114]认为动静载叠加作用是造成矿井冲击地压发生的原因,静载集中应力是发生冲击地压的基础,开采扰动应力等动载诱导了冲击地压显现,并据此提出了冲击地压动静载叠加理论。姜福兴等[115-116]在对高应力区开采冲击地压事故发生机理研究的基础上,提出了"蠕变型"冲击地压致灾机理。潘俊锋等[117-118]对冲击地压的演化过程进行了深入研究,提出了冲击地压启动理论,并从冲击地压的启动、能量传递和显现三个阶段对冲击地压进行了研究。崔峰等[119]通过理论分析和相似模拟实验,研究了工作面推进速度和回采时间对冲击地压规模和频率的影响,对比了停采前后微震事件的分布特征,并引入加卸载响应比,对推进速度和停采时间的协同效应与微震事件特征之间的关系进行了分析。窦林名等[120]在实验室实验、现场试验和理论分析的基础上,提出了动静应力联合诱发岩爆的原理,并将岩爆分为以动应力为主的原生动应力诱发型岩爆和低临界应力状态下的动应力诱发型岩爆,还得到了采煤引起的静应力和采矿震动引起的动应力的表达式。来兴平等[121]提出了类断层活动的应力-杠杆-旋转效应（SLRE）模型,通过声波-地震波指数反映了采矿地震活动特征。何江等[122]认为坚硬顶板煤壁处易形成应力集中,导致水平应力也会相应增大,从而造成煤壁失稳和层间错动两种类型的冲击地压显现。王恩元等[123]利用相似模拟实验等方法,对动载应力波与静载应力条件下冲击地压机理进行了研究,认为煤岩体结构发生大范围破坏将诱发冲击地压。

2.3.1　冲击地压事件概述

彬长矿区煤矿在采掘作业期间出现了较强烈的冲击地压现象,表2.3.1为彬长矿区冲击地压事故统计。在掘进过程中,动力灾害日益凸显,动力显现频次、强度日趋增加,主要表现为煤炮声响巨大、局部冒顶、片帮、巷道成形差、支护困难、煤块弹射等,严重威胁人身安全。在巷道及硐室密集处,动力显现频繁,可出现浆皮崩出、物料弹起等动力现象,图2.3.1为孟村煤矿冲击地压事故现场巷道破坏图。

表 2.3.1　彬长矿区冲击地压事故统计

煤矿	来压时间	能量	震源	现场破坏情况
孟村煤矿	2020-05-24	2.37×10^5 J	中央二号辅运大巷 4 号联络巷以西 65~143 m	中央胶带大巷里程 1 654~1 792 m,中央二号辅运大巷 4 号联络巷以西 20~158 m 范围内底鼓 1.0~1.5 m;胶带从巷道右帮翻转至左帮,里程 1 677~1 792 m 范围内顶帮破坏严重
胡家河煤矿	2021-10-11	——	402104 工作面回风巷	工作面回采至里程 640 m 位置时,回风巷超前工作面位置监测到高能量微震事件,回风巷超前工作面 20~95 m 范围内发生冒顶

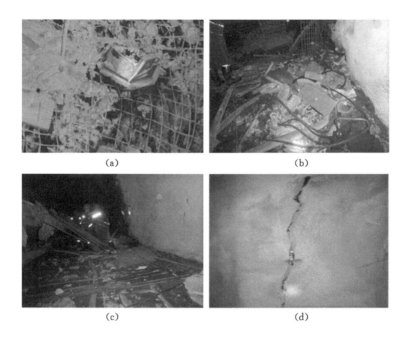

(a)　　　　　　　　　　　　(b)

(c)　　　　　　　　　　　　(d)

图 2.3.1　孟村煤矿冲击地压事故现场巷道破坏图

2.3.2　冲击地压分布规律

彬长矿区煤矿在回采过程中出现多次冲击地压显现,以孟村煤矿 3 次较典型的冲击地压显现案例进行分析,研究煤矿回采过程中的冲击地压时空分布规律。

图 2.3.2 为高能量事件"时-空"分布散点图,从时间、空间分布总体关系分析,高能量事件主要集中在盘区断层和褶曲附近,其中高能量事件主要集中在中央辅助运输大巷、带式输送机大巷与断层交界处,说明冲击地压事件主要与断层移动有关,当巷道或工作面逐渐靠近断层时,超前支承压力的正常前移受阻,使得采场覆岩压力大部分作用在采煤工作面和断层面之间的煤体上,从而使得该部分煤体支承压力大幅度增加。当巷道或工作面从断层下盘向断层推进时的冲击地压危险性远高于巷道或工作面从断层上盘向断层推进时的冲击地压危险性。

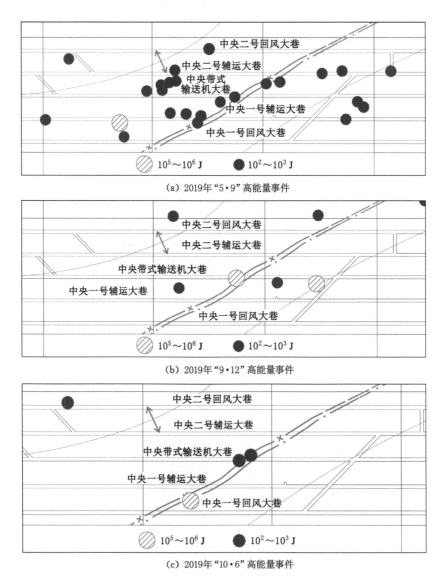

(a) 2019年"5·9"高能量事件

(b) 2019年"9·12"高能量事件

(c) 2019年"10·6"高能量事件

图 2.3.2 高能量事件"时-空"分布散点图

2.3.3 冲击地压强度变化规律

通过统计彬长矿区高能量微震数据,分析高能量微震事件强度变化特征,研究微震事件释放能量与发生频次的规律,反映煤岩体裂隙发育及煤岩体能量积聚和释放规律。

图 2.3.3 为 2019 年"5·9"高能量事件发生前后覆岩日微震能量及频次特征,在 4 月 24 日至 5 月 2 日期间,由于工作面推进,日微震能量及频次总体逐步上升,5 月 3 日微震能量及频次出现断崖式下降,日微震能量为 $1.8×10^4$ J,日微震频次为 11 个;随着工作面持续推进,在 5 月 3 日至 5 月 9 日期间,日微震能量及频次总体逐步上升,5 月 9 日发生冲击地压,日微震能量为 $4.9×10^5$ J,日微震频次为 106 个;发生冲击地压后,日微震能量及频次出现下降。

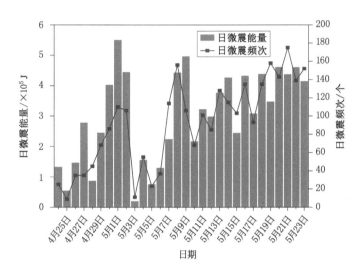

图 2.3.3 2019 年"5·9"高能量事件发生前后覆岩日微震能量及频次特征

图 2.3.4 为 2019 年"9·12"高能量事件发生前后覆岩日微震能量及频次特征,在 8 月 29 日至 9 月 8 日期间,日微震能量及频次总体较高;随着工作面持续推进,9 月 9 日和 9 月 10 日微震能量及频次分别出现断崖式下降,9 月 12 日发生冲击地压,日微震能量为 $3.4×10^5$ J,日微震频次为 148 个;发生冲击地压后,日微震能量及频次出现下降,9 月 15 日微震能量下降至 $1.4×10^5$ J,日微震频次下降至 87 个。

图 2.3.5 为 2019 年"10·6"高能量事件发生前后覆岩日微震能量及频次特征,在 9 月 21 日至 9 月 26 日期间,日微震能量及频次总体较高,9 月 27 日微震能量及频次出现断崖式下降,9 月 27 日至 10 月 2 日期间日微震能量及频次总体逐步上升,10 月 2 日微震能量为 $5.4×10^5$ J,日微震频次为 189 个;10 月 3 日微震能量及频次再次出现断崖式下降,10 月 3 日至 10 月 6 日期间日微震能量总体逐步上升,10 月 6 日发生冲击地压后,日微震能量及频次总体出现下降,10 月 9 日微震能量下降至 $1.3×10^5$ J,日微震频次下降至 29 个。

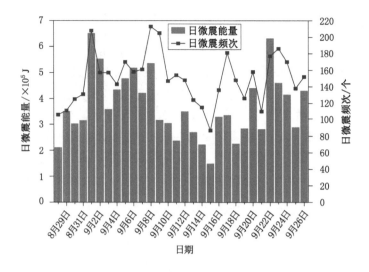

图 2.3.4 2019 年"9·12"高能量事件发生前后覆岩日微震能量及频次特征

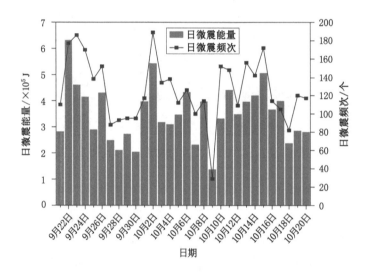

图 2.3.5 2019 年"10·6"高能量事件发生前后覆岩日微震能量及频次特征

2.4 彬长矿区冲击地压影响因素

由于浅部煤炭资源的枯竭,国内矿区大部分转入深部开采,而深部地质条件更加复杂多样,伴随的冲击地压等动力灾害频次增多,释放能量增大,造成的破坏更加严重,研究表明,深部开采不单指深度的增加,更是一种围岩力学状态的改变[124]。随着应力环境的恶化,深部煤炭开采过程中冲击地压矿井数量大幅增加[125]。近年来,深部冲击地压灾害频发,造成严重的人员伤亡和经济损失,不同地质条件下的矿井发生冲击地压的原因各不相同,也体现了冲击地压类型的多样性。

对于冲击地压分类研究,学者们从不同的角度给出了冲击地压的分类方法:张少泉等[126]根据围岩构造和应力状态的变化将冲击地压分为顶板垮落型冲击地压、顶板开裂型冲击地压、矿柱冲击型冲击地压和断层错动型冲击地压;姜耀东等[127]根据高应力状态下煤岩体突然失稳破坏将冲击地压分为材料失稳型冲击地压、滑移错动型冲击地压和结构失稳型冲击地压;钱七虎[128]根据动力破坏形式将冲击地压分为应变型冲击地压和剪切型冲击地压;何满潮等[129]根据煤岩体冲击失稳中能量的聚积和转化将冲击地压分为单一能量诱发型冲击地压和复合能量转化诱发型冲击地压。此外,根据冲击地压发生的物理特征,冲击地压分为压力型冲击地压、突发型冲击地压、爆裂型冲击地压;根据冲击地压震级和抛出的煤量,冲击地压分为轻微冲击地压、中等冲击地压、强烈冲击地压;根据参与冲击的岩体,冲击地压分为煤层冲击地压和岩层冲击地压;根据煤岩体应力来源和加载方式,冲击地压分为重力型冲击地压、构造型冲击地压、震动型冲击地压、综合型冲击地压;根据冲击地压发生的位置,冲击地压分为煤柱冲击地压、工作面冲击地压、顶板冲击地压、断层冲击地压、采空区冲击地压、巷道冲击地压[130]。

冲击地压影响因素较多,一般可以分为三类,即地质因素、开采技术因素和组织管理因素,如图 2.4.1 所示。

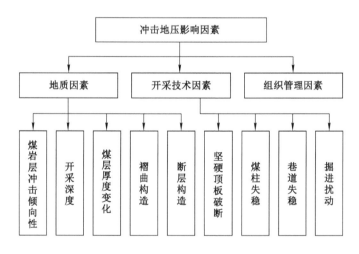

图 2.4.1　冲击地压影响因素

地质因素分为煤岩层冲击倾向性、开采深度、煤层厚度变化、褶曲构造和断层构造。一般情况下,煤岩层冲击倾向性越大,发生冲击地压的可能性就越大;煤层强度越大,弹性越好,冲击倾向性就越大;顶板岩层越坚硬,越容易引发冲击地压。

开采技术因素分为坚硬顶板破断、煤柱失稳、巷道失稳和掘进扰动。开采引起的局部应力集中和采动应力大,容易引发冲击地压。其主要原因是系统设计不合理或不完善,或在坚硬顶板条件下开采导致较大的悬顶,易造成较大的应力集中。同时历史开采也会造成应力集中,如煤柱终采线造成的应力集中传递到邻近的煤层等。

组织管理因素对冲击地压的发生也起一定作用。组织管理制度不到位,使得冲击危险程度大幅提高,如没有得到合理摆放的支柱等设备可能由于冲击地压产生的强烈震动而弹起,从而伤及人员和损坏设备,或由于人员在冲击危险区域不必要的长时间逗留而使其受到冲击地压伤害的概率增加等。

2.4.1　地质因素

（1）煤岩层冲击倾向性

本小节主要叙述煤层冲击倾向性,岩层冲击倾向性与其类似。煤层冲击倾向性是指煤层所具有的积蓄变形能并产生冲击式破坏的性质。"煤的冲击性""冲击式破坏"由胡克智等[131]于1966年在《煤矿的冲击地压》一文中首次提出。该文也是我国第一篇题目中出现"冲击地压"术语的学术论文,并指出我国矿山冲击地压最早于1933年发生在辽宁抚顺煤田的胜利煤矿。1967年Z. T. Bieniawski[132]提出强度理论,认为煤岩体所受局部应力超出其抗压强度时会导致冲击地压的发生。1981年芦子干等[133]在研究门头沟煤矿冲击地压的成因和控制时,提出了冲击危险指数的概念,并认为煤层硬度和抗压强度是表示煤层抵抗破坏能力的指数。1982年牛锡倬[134]在《煤矿安全生产中的几个岩石力学问题》一文中提到了冲击危险程度。"冲击倾向"术语于1982年首次出现在李玉生[135]的《矿山冲击名词探讨——兼评"冲击地压"》一文中。"冲击倾向性""冲击倾向性指数""煤层冲击倾向性指数"术语于1983年首次出现在李信[136]的《煤矿冲击地压的初步研究》一文中。对具体矿井而言,煤层冲击倾向性对冲击地压的发生具有显著影响,是冲击地压发生的内在本质影响因素。在相同条件下,冲击倾向性高的煤体发生冲击的可能性要远大于冲击倾向性低的煤体发生冲击的可能性。

冲击倾向性理论最早由波兰学者提出,我国最初以其中的弹性能量指数、冲击能量指数和动态破坏时间3个指标作为煤层的冲击倾向性指标[137]。

弹性能量指数是指煤试件在单轴压缩状态下,当受力达到某一值时(破坏前)卸载,其弹性变形能与塑性变形能(耗损变形能)之比。显然,煤受力后所消耗的能量越少,而储存的能量越多,它发生冲击地压的可能性就越大。因此,弹性能量指数的大小反映了煤层的冲击倾向性。

弹性能量指数按式(2.4.1)和式(2.4.2)计算:

$$W_{ET} = \frac{\Phi_{SE}}{\Phi_{SP}} \tag{2.4.1}$$

$$\Phi_{SP} = \Phi_C - \Phi_{SE} \tag{2.4.2}$$

式中　　W_{ET}——弹性能量指数;

Φ_{SE}——弹性应变能,其值为卸载曲线下的面积,见图2.4.2画斜线部分;

Φ_C——总应变能,其值为加载曲线下的面积;

Φ_{SP}——塑性应变能,其值为加载曲线和卸载曲线所包络的面积。

冲击能量指数是指煤试件在单轴压缩状态下,在应力-应变全过程曲线中,峰值前积蓄的变形能与峰值后耗损的变形能之比。冲击能量指数越大,说明煤在破坏前的蓄能比破坏时的耗能大得越多,多余的能量转变为被破碎的煤或岩块的动能,将碎煤等抛向采空区,形成冲击地压。因而冲击能量指数越大,表示煤层冲击倾向性越强。冲击能量指数将变形能的积累和释放联系起来,较好地揭示了冲击地压的机理。

冲击能量指数按式(2.4.3)计算:

$$K_E = \frac{A_s}{A_x} \tag{2.4.3}$$

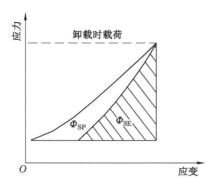

图 2.4.2 弹性能量指数计算示意图

式中　K_E——冲击能量指数;

A_s——峰值前积聚的变形能,其值为 OC 曲线下的面积,见图 2.4.3;

A_x——峰值后耗损的变形能,其值为 CD 曲线下的面积,见图 2.4.3。

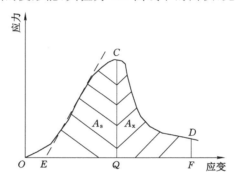

图 2.4.3 冲击能量指数计算示意图

在常规单轴压缩试验条件下,煤试件从极限强度到完全破坏所经历的瞬态延续时间称为动态破坏时间,见图 2.4.4。冲击地压之所以成为一种灾害,不仅在于煤体破坏释放出的

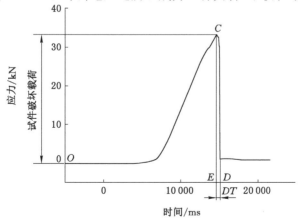

ED—破坏时间;CD—破坏过程;OC—加载过程。

图 2.4.4 动态破坏时间曲线

能量非常大,而且在于煤体冲击破坏的过程短暂。显然,破坏过程的长短是能量积聚与耗散动态特征的综合反映。因此,动态破坏时间可以衡量冲击倾向的程度。

根据对多年来的冲击倾向性实验结果分析并结合冲击地压发生的实际地质条件,2010 年发布的国家标准《冲击地压测定、监测与防治方法 第 2 部分:煤的冲击倾向性分类及指数的测定方法》(GB/T 25217.2—2010)[25]中又增加了单轴抗压强度作为冲击倾向性指标。根据该标准,煤的冲击倾向性可以分为 3 类:无冲击倾向性、弱冲击倾向性和强冲击倾向性。

表 2.4.1 为山东省部分冲击地压矿井煤层冲击倾向性鉴定结果。可见,煤层具有冲击倾向性是煤层发生冲击地压的必要条件。

表 2.4.1　山东省部分冲击地压矿井煤层冲击倾向性鉴定结果

序号	矿井	煤层	冲击倾向性等级	序号	矿井	煤层	冲击倾向性等级
1	华丰	4	弱	10	七五生建	3下	强
2	华丰	6	弱	11	阳城	3	强
3	义能	3	强	12	赵楼	3	强
4	龙固	3	弱	13	王楼	3上	强
5	济二	3上	强	14	南屯	3上	强
6	济二	3下	强	15	星村	3	弱
7	济三	3上	弱	16	王楼	3上	强
8	唐口	3上	强	17	东滩	2	弱
9	唐阳	3	强	18	梁宝寺	3	强

根据孟村矿井煤岩冲击倾向性测定结果,首采区 4 煤层的上、下分层均鉴定为具有强冲击倾向性的煤层,如表 2.4.2 所列。可见,孟村矿井主采 4 煤层具有较强的积蓄变形能并产生冲击式破坏的性质。在相同条件下,冲击倾向性强的煤体发生冲击的可能性要远大于冲击倾向性弱的煤体发生冲击的可能性。

表 2.4.2　孟村矿井 4 煤层冲击倾向性各项指标测定结果

4 煤层		动态破坏时间 DT/ms	冲击能量指数 K_E	弹性能量指数 W_{ET}	单轴抗压强度 R_c/MPa
上分层	冲击倾向性判定	弱	强	强	强
	综合评判结果	强冲击倾向性			
下分层	冲击倾向性判定	弱	弱	强	强
	综合评判结果	强冲击倾向性			

事实上,冲击地压的发生不仅仅与煤岩层的冲击倾向性有关,而且与煤岩层的结构特点和煤岩层的组合形式有密切的关系。煤体自身具有冲击倾向性是发生冲击地压的必要因素之一,然而即使是有强冲击倾向性的煤体也只有在一定的条件下才会产生冲击式破坏,并

释放很高的能量。在采掘工作面及巷道中,煤层及其顶底板共同组成一个力学平衡体系,这个体系受到采掘活动的影响时,受力状态不断变化,也就导致冲击地压发生的危险程度是在不断变化的。因此,围岩与煤体的相互作用情况,是能否发生冲击地压的重要条件。

(2)开采深度

冲击地压的发生和煤层埋深有一定关系,统计分析表明:在同一矿区或同一煤矿,开采深度越大,冲击地压发生的可能性也越大。波兰资料显示开采深度小于350 m时,冲击地压一般不会发生,开采深度为350~500 m时,在一定程度上冲击地压的危险性逐步增加,从开采深度为500 m开始,随着开采深度的增加,冲击地压的危险性急剧增长,当开采深度为800 m时,冲击能量指数(0.57)比在开采深度为500 m时的冲击能量指数(0.04)增加了13倍,当开采深度非常大时,比如1 200~1 500 m,冲击能量指数增长梯度将会减小,但其值会非常高。

煤层埋深仅仅是影响冲击地压发生的因素之一,由于不同矿区的地质及开采技术条件不同,冲击地压发生的最小临界深度差异较大,如兖州矿区、潞安矿区冲击地压临界深度为400~500 m,而神华新疆矿区、平庄矿区冲击地压临界深度为150~300 m。根据胡家河、孟村、高家堡、亭南等矿井动力显现情况分析,彬长矿区冲击地压临界深度为500~600 m。

孟村矿井首采区4煤层埋深总体上由东南向西北逐渐增大。401盘区煤层埋深为700~800 m,倾角较小;402盘区煤层埋深由南向北逐渐增大,南部埋深为400~600 m,中部埋深为600~700 m,北部埋深总体为700~800 m,局部(DF29断层附近)埋深大于800 m;403盘区内,除大巷附近区域外,中部煤层埋深均大于800 m,且向西北方向逐渐增大,最大接近900 m。首采区内煤层埋深大部分超过了彬长矿区冲击地压发生的临界深度,冲击地压灾害形势较为严峻。

(3)煤层厚度变化

根据地质力学的观点,煤层厚度变薄及倾角变大处往往是应力集中处。因此,当采掘工作面接近这些区域处,易造成应力叠加,有可能导致冲击地压的发生。煤层厚度的变化对形成冲击地压的影响,往往要比厚度本身更为重要,在厚度突然变薄或变厚处,煤体内因静载荷作用易产生应力集中现象。

煤层局部厚度的不同变化对应力场的影响规律为:煤层厚度局部变薄和变厚所产生的影响不同,煤层厚度局部变薄时,在煤层薄的部分,垂直地应力会增大,而煤层厚度局部变厚时,在煤层厚的部分,垂直地应力会减小,而在煤层厚的部分两侧的正常厚度部分,垂直地应力会增大(图2.4.5、图2.4.6)。

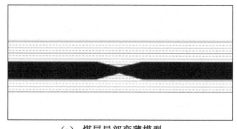

(a)煤层局部变薄模型

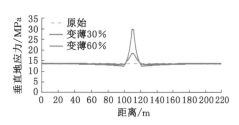

(b)煤层垂直地应力分布曲线

图2.4.5　煤层局部变薄模型及煤层垂直地应力分布曲线

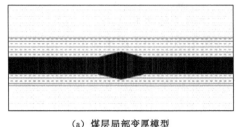
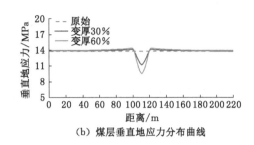

（a）煤层局部变厚模型

（b）煤层垂直地应力分布曲线

图 2.4.6　煤层局部变厚模型及煤层垂直地应力分布曲线

煤层局部变薄和变厚,产生的应力集中的程度不同。煤层厚度变化越剧烈,应力集中的程度越高。当煤层变薄时,变薄部分越短,应力集中系数越大。煤层厚度局部变化区域应力集中的程度,与煤层及其顶底板的弹性模量差值有关,差值越大,应力集中程度越高。

根据孟村矿井首采区三维地质勘探成果,首采区内存在 2 处煤层变薄带,均位于中央大巷附近,如图 2.4.7 所示。可见煤层局部变薄对孟村矿井冲击地压发生的影响总体范围较小。勘探成果并未提供煤层局部变厚区域,在采掘过程中,应加强该方面的地质预测预报,以提高冲击危险性评价的准确性。

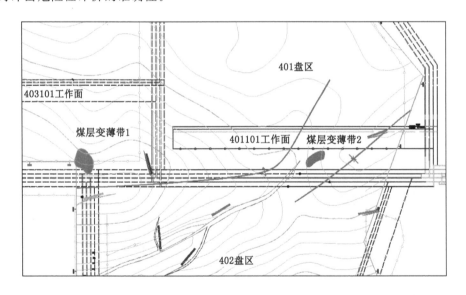

图 2.4.7　孟村矿井煤层局部变薄带分布图

冲击地压理论研究及实践表明,冲击地压发生时,一般均伴有严重底鼓,且较厚底煤的留设对冲击地压的发生往往起到促进作用。对于巷道围岩而言,顶板和巷帮一般进行支护,底板一般无支护,从而导致底板成为巷道最为薄弱的区域。当冲击载荷作用至巷道围岩时,能量将从最薄弱的环节突破,该过程必然伴随着底板的缓慢底鼓或冲击破坏。

巷道底板可分为 3 种情况:岩石底板、薄底煤(小于 2 m)、厚底煤(大于或等于 2 m),其中前两者最为多见,厚底煤一般存在分层开采工作面。底板岩性对冲击地压发生的影响主要取决于底板的强度和载荷水平。岩石底板本身强度较高,承载能力大,对冲击载荷的抵抗效果明显。留有较薄底煤时,底煤在巷道掘进后将发生渐进式变形破坏,承载能力显著减弱,下部岩石底板仍将是承载的主体。而底煤较厚时,煤体必然成为承载主体,在冲击载荷作用下更易发生破坏,尤其是具有冲击倾向性的底煤本身具备集聚弹性能并发生冲击破坏的特性。

（4）褶曲构造

研究表明,在煤岩层褶曲构造的向斜和背斜轴部地应力水平较高,且最大主应力一般为水平构造应力,更易于引起以巷道顶底板受到显著破坏为主的矿压显现或冲击地压,该规律在掘进巷道时表现得尤为突出。

案例一:根据胡家河煤矿首采区三维地震勘探资料,402103 工作面受 A4 背斜和 A5 向斜影响较大,如图 2.4.8 所示。2013 年 1 月至 5 月,掘进工作面主要活动在 A4 背斜轴部影响区,现场统计表明,此为动力显现最为强烈的区段。

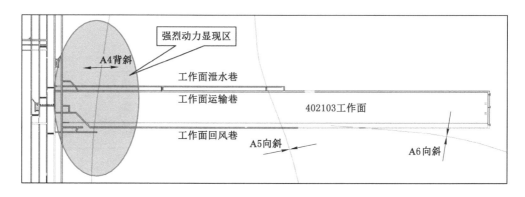

图 2.4.8　胡家河煤矿 402103 工作面巷道布置图

案例二:砚北煤矿 250205 上工作面位于 2502 采区,为 2502 采区首采第一分层工作面,如图 2.4.9 所示。据统计,在整个工作面回采过程中,回采巷道共发生冲击地压 60 次,在向斜轴部附近开采时冲击地压发生次数占到 50％,在褶曲翼部开采时冲击地压发生次数占到 30％。冲击地压发生多以底鼓为主,顶板下沉次之,帮部破坏相对较小。

案例三:亭南煤矿 205 工作面回风巷超前支护区发生强烈动力显现,声响巨大,巷道瞬间底鼓,造成大量单体柱损坏,发生区域位于向斜轴部附近,如图 2.4.10 所示。

由以上案例可得:无论是掘进期间还是回采期间,褶曲构造区均是冲击地压频发区。冲击地压发生位置可能在褶曲轴部,也可能在褶曲翼部,不同矿井表现出的规律不尽相同。简言之,褶曲影响区冲击危险程度相对较高,由于地质及开采技术条件的差异,不同矿井具体显现位置略有差异。

表 2.4.3 为孟村矿井首采区褶曲分布情况,基于前文分析,褶曲构造区的掘进及采煤工作面冲击地压危险性总体偏高。

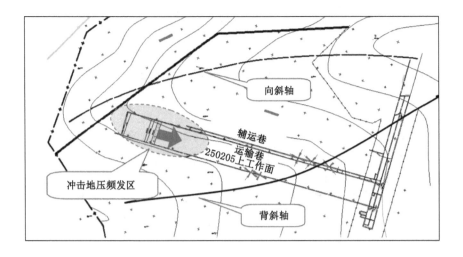

图 2.4.9　砚北煤矿 250205 上工作面巷道布置图

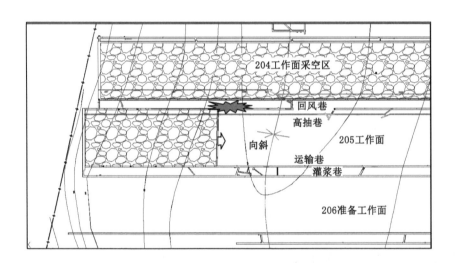

图 2.4.10　亭南煤矿 205 工作面巷道布置图

表 2.4.3　孟村矿井首采区褶曲分布情况

序号	名称	延展长度/m	影响区域
1	X1 向斜	1 455	401101 工作面、401102 工作面、中央大巷
2	B2 背斜	2 980	401101 工作面、401102 工作面、中央大巷
3	B1 背斜	2 286	402 盘区南端
4	X2 向斜	1 702	403 盘区辅运大巷
5	B3 背斜	1 414	401 盘区北端
6	B4 背斜	1 949	403 盘区中部及北部
7	X3 向斜	2 901	403 盘区中部及北部

（5）断层构造

断层作为地质不连续体,对煤岩层的物质结构和构造应力场分布产生了很大的影响,影响程度取决于断层性质(包括断层倾角、充填情况,断层面形态、抗剪强度和抗拉强度等)、断层围岩性质以及地应力状态。断层面上的剪应力等于断层面的抗剪强度时,断层就处于临界不稳定状态,此时轻微的扰动就可能引发断层活化,甚至导致强烈的冲击地压发生。断层极大地扰乱了地应力场的分布,这种对地应力的扰乱只是发生在断层附近有限范围内,超过一定距离,地应力分布便恢复正常状态。

不同条件下的断层构造引起冲击地压机制具有一定差异性,静载荷与动载荷均可成为冲击启动的主因。由于断层破坏了煤岩层的连续性,使得采动应力演化规律变得异常复杂。如图 2.4.11 所示,当工作面逐渐靠近断层时,超前支承压力的正常前移受阻,使得采场覆岩压力大部分作用在采煤工作面和断层面之间的煤体上,从而使得该部分煤体支承压力大幅度增加。一般而言,当工作面从断层下盘向断层推进时冲击地压的危险性远高于工作面从断层上盘向断层推进时冲击地压的危险性。另外,由于构造区域存在着地质构造应力场,通常使煤岩层的构造应力,尤其是水平构造应力增加。在支承压力异常和构造应力异常的双重影响下,断层附近煤岩层发生压力型冲击地压的可能性将会加大。

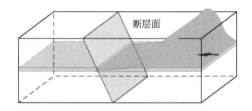

图 2.4.11　倾向断层示意图

由于断层破裂面已然存在,该结构面的强度是有限的,随着采掘活动的扰动和地下水的作用,结构面的强度将不断降低,结构面所受外力足够大时,会导致断层活化,形成一定规模的动载,易诱发冲击地压。

以孟村井田特殊的地质构造为例,根据首采区三维地震勘探资料显示,孟村矿井首采区存在 4 个断层构造群,并且断层构造多与褶曲构造伴生。这表明受地质运动影响,褶曲构造形成过程中,煤岩层受力超过其强度极限而发生断裂,使得断层附近应力及结构产生显著异常。因此在分析褶曲内断层对冲击地压影响时,应综合考虑两种地质构造的叠加效应。2014 年 7 月 19 日,401101 工作面措施巷冲击显现即发生在褶曲构造范围内的断层构造区,如图 2.4.12 所示。

由于三维地震勘探存在精度限制,在工作面采掘过程中,经常出现未探明断层。因此,掘进过程中应加强超前断层构造的预测预报,尤其常被三维地震勘探遗留的小型断层会对构造附近的地应力场冲击危险性造成一定影响。

2.4.2　开采技术因素

（1）坚硬顶板破断

从冲击地压发生的地质条件来看,坚硬顶板是冲击地压发生的最典型的地质条件。统

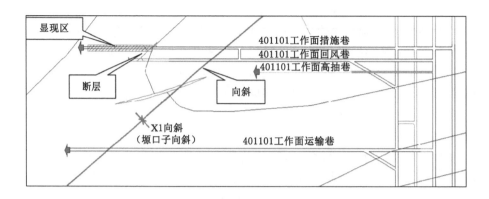

图 2.4.12　孟村矿井"7·19"冲击显现位置示意图

计表明,冲击地压煤层上部通常有一层或多层厚度大于 10 m 的坚硬顶板。坚硬顶板对冲击地压的影响主要表现在煤层被采出后,直接顶随工作面支架的前移不断垮落,而上部悬露坚硬顶板将上覆岩层重力部分转移至工作面前方及侧向煤体,相应地产生超前及侧向支承压力,使得超前及侧向区域的煤岩层的弹性能水平显著提高,引起超前及侧向支承压力区冲击危险性的增大。在坚硬顶板破断或滑移过程中,大量的弹性能突然释放,形成强烈动载荷,导致冲击地压或顶板大面积来压等动力灾害的发生,如图 2.4.13 所示。

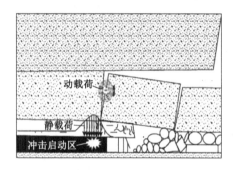

图 2.4.13　坚硬顶板岩层断裂诱发超前区域冲击地压示意图

悬露顶板断裂对工作面冲击危险性的影响可利用顶板的弯曲能量指数进行初步量化。根据《冲击地压测定、监测与防治方法 第 1 部分:顶板岩层冲击倾向性分类及指数的测定方法》(GB/T 25217.1—2010),单一顶板弯曲能量指数按式(2.4.4)计算:

$$U_{\mathrm{wQ}} = 102.6\,\frac{(R_{\mathrm{t}})^{\frac{5}{2}}h^2}{q^{\frac{1}{2}}E} \qquad (2.4.4)$$

式中　U_{wQ}——单一顶板弯曲能量指数,kJ;

　　　　q——单位宽度上覆岩层载荷,MPa;

　　　　R_{t}——岩石试件的抗拉强度,MPa;

　　　　h——单一顶板厚度,m;

　　　　E——岩石试件的弹性模量,MPa。

由上式可知,单一顶板的弯曲能量指数受岩层的厚度、抗拉强度的影响最为显著。当其他条件相同时,厚硬顶板断裂时释放的弯曲弹性能更大,也就更易诱发冲击地压。实践表明,钙质或硅质胶结的砂岩或砾岩往往具有较高的强度,当其厚度超过 10 m 时,采空区周边悬顶问题较为显著。

顶板结构剧烈变化必然导致工作面采掘过程中矿压显现的剧烈变化,矿压异常现象将频繁出现,冲击地压规律难以有效把握。在进行矿压管理或冲击地压防治措施制定时,若要更加科学、合理,必须依据实际地质条件的变化而不断调整。需要说明的是,对于掘进巷道而言,若周围无采空区影响,顶板结构对掘进巷道冲击危险的影响程度是很小的,这是因为仅巷道开挖难以引起顶板大规模活动。

（2）煤柱失稳

区段煤柱宽度是影响冲击地压发生的一个重要因素,合理的煤柱宽度可以有效降低冲击地压发生的可能性。以往研究结果表明,留设窄煤柱对于防冲较为有利,较宽尺寸的煤柱具有较高的冲击危险性。

煤柱受采空区转移应力、构造应力等多种应力叠加影响,当煤柱载荷超过其极限承载能力时会诱发冲击破坏,破坏部位集中在煤柱形状突出部位或叠加应力峰值区域,周边采空面积大、采掘活动扰动强、构造发育。煤柱在自重应力、采空区和巷道转移应力、构造应力等叠加作用下应力高度集中,当叠加应力超过煤柱发生冲击失稳的临界值时,煤柱将在细微扰动或无扰动条件下发生冲击失稳。

（3）巷道失稳

国内外井下地应力测量结果表明,岩层中的水平应力在很多情况下大于垂直应力,而且水平应力具有明显的方向性,最大水平主应力明显高于最小水平主应力,这种规律在浅部矿井中尤为明显。因此,水平应力的作用逐步得到人们的认识和重视。

澳大利亚学者 W.J.Gale 通过现场观测与数值模拟分析,提出了著名的最大水平主应力理论,得出了水平应力对巷道围岩变形与稳定性的作用,如图 2.4.14 所示。巷道顶底板变形与稳定性主要受水平应力的影响:当巷道轴线与最大水平主应力方向平行,巷道受水平应力的影响最小,有利于顶底板稳定;当巷道轴线与最大水平主应力方向垂直,巷道受水平应力的影响最大,顶底板稳定性最差;当两者呈一定夹角时,巷道一侧会出现水平应力集中,顶底板的变形与破坏会偏向巷道的某一帮。该规律在顶板完整坚硬的巷道表现不太明显,但在较为破碎的煤层顶板条件下较为显著。

在最大水平主应力作用下,顶底板岩层会发生剪切破坏,出现松动与错动,导致岩层膨胀、变形。锚杆的作用是抑制岩层沿锚杆轴向的膨胀和垂直于轴向的剪切错动,因此,要求锚杆强度大、刚度大、抗剪能力强,才能起到上述两方面的约束作用。这也正是澳大利亚锚杆支护技术特别强调高强度、全长锚固的原因。

根据孟村矿井首采区地应力测量结论,测点最大水平主应力方位角集中在 145°～171° 之间,与 5 条中央大巷及工作面平巷等巷道轴向夹角在 65°～81° 之间,与盘区大巷轴向夹角在 8°～35° 之间,因此最大水平主应力对中央大巷及工作面平巷的影响较大,对盘区大巷影响较小。在其他条件基本一致的前提下,南北向巷道的矿压显现剧烈程度要显著小于东西向巷道的。

（4）掘进扰动

随着矿井基建工作的不断推进,将布置更多的掘进作业,必然面临工作面间的掘进相互

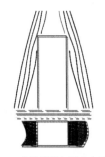 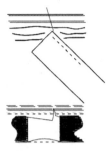 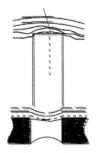

（a）巷道轴线与最大水平　　　　（b）巷道轴线与最大水平　　　　（c）巷道轴线与最大水平
　　　主应力方向平行　　　　　　　　　主应力方向呈45°　　　　　　　　主应力方向垂直

图 2.4.14　水平应力方向对巷道围岩变形与破坏的影响

扰动问题。对于冲击地压矿井而言，掘进扰动具有其特殊性，掘进工作面将导致围岩产生不断演化的采动应力场，在掘进过程及过后的一段时间内，巷道围岩应力场处于动态调整当中，该过程伴随着围岩分区域加、卸载，最终导致应力与弹性能的重新分布。而近距离掘进工作面的存在将导致该演化过程更加剧烈，围岩加、卸载作用更加频繁，加、卸载强度更高，使得近距离掘进工作面之间煤岩层更易发生破坏，一般将掘进空间周围支承压力影响范围之外的区域视为非采动影响区，但这仅是从常规的静态应力场角度得出的。实际上，在冲击地压矿井，掘进活动常常伴随着不同强度的煤炮，所谓煤炮实为工作面围岩应力调整过于剧烈而导致的急剧破坏，并瞬间释放弹性能，该弹性能将以地震波的形式向周围传播，当其传播至邻近掘进工作面时，将引起附加动态应力，使其总应力水平急剧升高，为冲击地压的发生提供充分的应力条件。

图 2.4.15 为掘进工作面活动影响范围示意图，图中对比了掘进工作面引起的采动应力作用范围和动载荷有效作用范围，对于实体煤中的掘进巷道而言，常规意义上的采动应力作用范围一般为巷道高度的 3～5 倍，在"齐头并进"时影响相对显著，但动载荷有效作用范围要远大于采动应力作用范围。

2.4.3　组织管理因素

冲击地压是煤矿开采过程中严重的灾害事故，主要受地质因素、开采技术因素的影响，但是组织管理因素同样具有不可替代的作用，在冲击地压事故中有很多是因为管理不当而造成人员伤亡和财产损失。例如，在采煤工作面，底鼓、片帮等冲击地压显现明显的巷道内，因缺乏针对性的安全管理制度与体系，造成工作面生产过程中，超前工作面一段距离的冲击危险区域内一直留有施工人员，存在安全隐患。因此，必须高度重视组织管理在冲击地压中的作用，冲击地压管理部门中应该有专门从事冲击地压管理的专业队伍，主要从事冲击危险性监测、数据处理、危险等级确定、解危方案制定以及监测仪器维护等。解危方案应该由专门的防治队伍实施，并贯彻落实"安全第一，预防为主，综合治理"的安全生产方针。同时，要加强个体防护的管理，并严格贯彻落实。通过系统的管理，最大限度地降低冲击地压事故中的财产损失和人员伤亡。

综上所述，由于冲击地压的复杂性，影响因素在不同开采阶段、不同开采环境下可表现

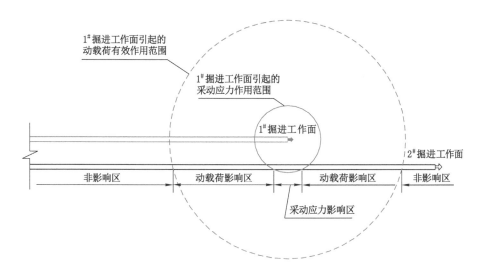

图 2.4.15　掘进工作面活动影响范围示意图

出不同的影响方式和程度。各矿井间条件存在显著差异,其冲击地压发生的主要影响因素也就不同。因此,需针对矿井实际条件,进一步深入分析。综合彬长矿区冲击地压发生特点以及冲击地压矿井的实际情况,可知煤岩层冲击倾向性、坚硬顶板、地质构造、厚底煤、宽煤柱、巷道密集、孤岛大煤柱和煤层厚度变化等因素对冲击地压的发生均有影响。这些因素中,坚硬顶板、地质构造及宽煤柱对冲击地压的影响程度更高、影响范围更广;而煤岩层冲击倾向性、厚底煤、巷道密集、孤岛大煤柱和煤层厚度变化等因素影响程度相对较低。各因素间存在交叉组合,应根据冲击地压影响因素及其类型选择合适的监测预警与防治方法。

2.5　彬长矿区冲击地压发生机理及预警技术

2.5.1　采动覆岩应力演化与能量释放规律

冲击地压的发生机理是评价、预测及防治冲击地压灾害的重要前提。李玉生[33-34]在总结前人成果的基础上,认为只有同时满足强度理论、刚度理论、冲击倾向性理论,才会发生冲击地压。章梦涛等[38-39]提出了冲击地压变形系统失稳理论,认为冲击地压实质上是指煤岩体处于失稳状态下受到扰动影响而发生的动力过程。齐庆新等[35-37]提出了冲击地压"三因素"理论,包括内在因素、力源因素和结构因素。冲击地压可以划分为煤体能量释放主体型冲击地压,顶底板断裂能量释放主体型冲击地压,断层带及围岩能量释放主体型冲击地压和顶底板断裂煤体能量释放主体型冲击地压。在煤岩层褶曲构造的向斜和背斜轴部区域应力水平较高,且最大主应力一般为水平构造应力,更易于引起以巷道顶底板受到显著破坏为主的矿压显现或冲击地压,该规律在掘进巷道时表现尤为突出。

（1）采动覆岩应力演化特征

以彬长矿区中孟村煤矿地应力现场测量为例,最大水平主应力约为垂直主应力的1.66～2.10倍。孟村煤矿401采区分布X1向斜和B2背斜,两者均穿过401101工作面,在掘进期间这两个褶曲构造附近煤炮频繁,动力显现明显,对掘进造成显著影响。随着 401101 工作面向着 X1 向斜和 B2 背斜推进时,会加重冲击地压灾害趋势。

现场实践证明,当采掘工作面接近向斜轴部或翼部时,经常有冲击地压、煤炮等动力现象发生。煤矿常见的褶曲是通过纵弯作用形成的,即岩层或岩层组在长期水平挤压载荷作用下发生缓慢变形,并形成褶曲,褶曲形成后,各部位的受力状态有较大差异。向斜、背斜内弧的波谷和波峰部位呈现水平压应力集中,向斜、背斜外弧的波谷和波峰部位呈现拉应力集中,翼部呈现压应力集中。

根据褶曲的形成机制,可将褶曲各部位的受力状态分为 3 个区,如图 2.5.1 所示:在 Ⅰ区褶曲向斜轴部,垂直方向为压力、水平方向为拉力;Ⅱ区褶曲翼部,垂直、水平方向均为压力;Ⅲ区褶曲背斜轴部,垂直方向为拉力、水平方向为压力。

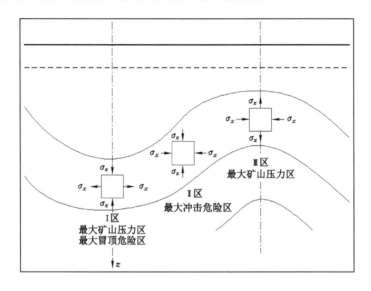

图 2.5.1 褶曲构造区应力分布情况

(2)采动覆岩能量释放规律

微震事件是集中载荷作用下煤岩体破裂、原生裂隙发展及贯通所产生的,监测微震事件的空间分布,分析其空间演化规律,可以掌握采掘活动所导致的扰动范围和扰动特点,从地球物理学的角度把握采掘扰动范围内煤岩体的载荷集中程度及集中范围,从而间接掌握冲击危险性并及时采取对应的解危措施。李学龙[138]在研究裂隙煤岩体动态破裂行为特征与冲击失稳致灾机制的过程中,结合微震、声发射等监测手段深入研究了煤岩体冲击失稳演化过程中地球物理信号的时空演化规律;姜福兴等[139]从理论上探索了微震定位监测煤岩破裂、确定岩层运动的空间结构和应力场动态变化的方法,并对冲击地压等煤岩动力灾害进行了监测预报。

彬长矿区孟村煤矿 401101 运输巷掘进工作面在 2015 年 7 月时处于断层-褶曲复合构造区的边缘,且其采掘环境较为简单,不受其他采掘工作面的扰动。

2015 年 6 月至 8 月孟村煤矿中央胶带大巷和中央一号辅运大巷均在断层、褶曲附近的深部构造区掘进,两巷煤柱为 35 m,一前一后平行掘进,如图 2.5.2 所示。

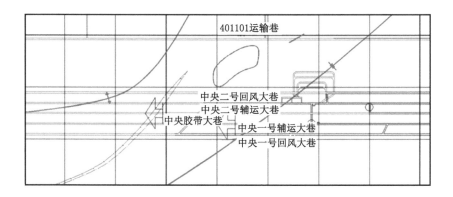

图 2.5.2 孟村煤矿中央胶带大巷与中央一号辅运大巷平行掘进示意图

在此期间,中央胶带大巷由于进入断层附近的底板岩石中掘进速度放慢,而中央一号辅运大巷则继续以 3~5 m/d 的进尺掘进,造成了两巷掘进工作面距离逐渐由 6 月 1 日的 380 m 缩短到 8 月 31 日的 96 m,并最终于 8 月 31 日在中央一号辅运大巷掘进工作面后方 30 m 处发生"8·31"局部冲击。图 2.5.3 统计了两条大巷在掘进过程中随着掘进工作面距离不断缩短时其扰动区日微震能量、频次变化曲线。

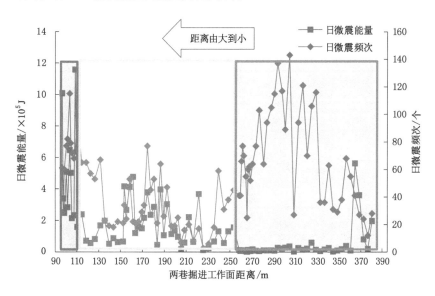

图 2.5.3 孟村煤矿复合构造区内日微震能量、频次与两巷掘进工作面距离关系曲线

由图 2.5.3 可知,在图中自右往左也即两巷逐渐逼近的过程中,扰动区内的日微震能量、频次变化整体可分为三个阶段:"高频低能"阶段(两巷距离 250~380 m)—"高能低频"阶段(两巷距离 110~250 m)—"冲击孕育"阶段(96~110 m)。

"高频低能"阶段:在中央胶带大巷和中央一号辅运大巷掘进工作面相距 250~380 m 时,两巷掘进扰动区日微震频次处于高位,基本在 40~120 个,日微震能量则普遍较低,基本在 5×10^4 J 以下,且微震事件的空间分布维度密集,如图 2.5.4 所示。根据微震能量、频次与冲击危险性的对应关系可知,该阶段煤岩层中弹性能以低能量事件的形式进行缓慢地释放且释放程度较为充分,巷道围岩冲击危险性较低。

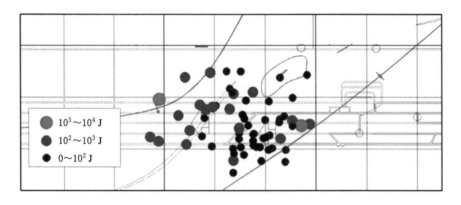

图 2.5.4 两巷掘进工作面相距 280 m 时扰动区日微震事件分布图

"高能低频"阶段:随着中央一号辅运大巷的继续推进,中央胶带大巷和中央一号辅运大巷掘进工作面距离 110～250 m 时,两巷掘进扰动区内日微震能量大幅上升,基本为 $1×10^5～5×10^5$ J,而日微震频次却基本下降至 20～50 个,且微震事件的空间分布维度降低,如图 2.5.5 所示。当两巷掘进工作面距离小于 250 m 后,两巷掘进扰动区内煤岩体积聚了大量集中静载荷却不能得到有效释放,围岩活动烈度开始加强,载荷以更为高能、快速、集中的方式进行释放,诱发冲击地压的危险上升。

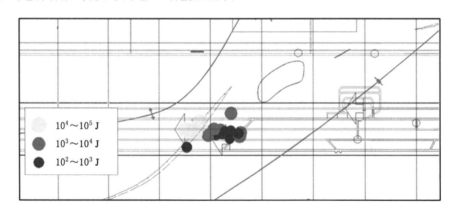

图 2.5.5 两巷掘进工作面相距 160 m 时扰动区日微震事件分布图

"冲击孕育"阶段:8 月 20 日至 8 月 31 日,中央胶带大巷和中央一号辅运大巷掘进工作面距离持续缩短至 110 m 以下。由图 2.5.3 可知,两巷掘进工作面距离小于 110 m 后,两巷掘进扰动区日微震能量突然上升且日微震频次也大量增加,日微震频次基本为 30～100 个。在距离为 108 m 时日微震能量达到了 $1.2×10^6$ J 的高峰,日微震频次为 73 个。冲击地压开始在扰动区煤岩体中逐渐孕育发展,其间中央胶带大巷迎头后方 50～150 m 内层发生高能量微震事件致使巷道浆皮脱落、巷帮存放物料震倒等的动力现象显现。8 月 31 日凌晨 4 时 31 分,两巷掘进工作面相距 96 m,中央一号辅运大巷后方约 30 m 处发生剧烈显现。现场木托盘被压裂,浆皮大量脱落并有金属网被撕裂喷出部分煤体,巷帮出现宽度达 80～

150 mm 的裂缝。微震监测显示,本次显现微震能量为 1.2×10^6 J,震源位于中央一号辅运大巷的右帮。发生冲击当天两巷掘进扰动区微震事件分布如图 2.5.6 所示。

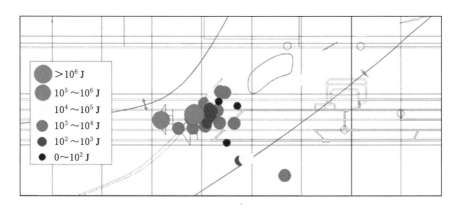

图 2.5.6　两巷掘进工作面相距 96 m 时扰动区日微震事件分布图

由微震监测结果可知,在孟村煤矿的构造影响区,当平行巷道的掘进工作面相距 250 m 以上可保证两巷掘进工作面互不扰动。两巷掘进工作面距离在 250 m 以内时各自的扰动区开始叠加,冲击危险性将随着距离的减小而快速增加,而当两巷掘进工作面距离小于 110 m 后则随时可能发生冲击。可见,在构造区平行掘进时,为保证巷道的安全,应使两巷掘进工作面距离不小于 250 m。

2.5.2　基于 b 值的冲击地压预警技术

(1)基于 b 值的孟村煤矿冲击危险指数研究

B. Gutenberg 和 C. F. Richter 研究地震活动时,提出了著名的震级与频次关系式(G-R 关系式)$\lg N = a - bM$,其中 N 为震级大于 M 的地震事件频次,M 为反映区域性的震级,a、b 为常数。参数 b 是地震危险性分析的重要参数,常被作为衡量地震活动水平的标志。众多地震学者围绕 b 值的物理意义、b 值特征、b 值计算方法及影响因素等方面开展了深入研究。许多研究表明,在矿井、隧洞、边坡等工程领域发生的微震事件与天然地震同样遵循 G-R 关系,且 b 值的变化与工程岩体的稳定性存在高度相关性。随着我国煤矿冲击地压灾害的日益严重,b 值被引入这一动力灾害的预测预报工作中,并认为强矿震或冲击地压通常发生在低 b 值或 b 值下降的时段。

b 值是实际地震(微震)资料的统计结果,所以与样本数据的准确性、完整性、统计量直接相关,在此基础上获取 b 值还需要选择合理的计算方法及参数。以选用最小二乘法计算 b 值为例,需要先后确定样本的时空范围边界、分档总数 m、起始震级 M_1、分档间隔 ΔM、最高档次震级 M_m、时间窗 T、滑动步长 ΔT 等多个参数,这些参数均影响 b 值的最终结果,因此必须确定合理的参数选择方法和原则。该问题在地震领域获得大量研究,对提高 b 值的准确性起到积极的推动作用,但在矿山强矿震或冲击地压领域的相关探索较少。

天然地震与矿山微震之间存在诸多差异性。地震是由地球内部板块运动所致,孕育过程受人类工程影响小,震级较大且分布范围广,但数量有限,研究及应用一般以年为单位。矿山微震震级偏小,主要集中在采掘作业区并随之不断移动,数据量更为丰富,研究及应用常以天为单位。以上差异可能导致 b 值在地震领域研究成果无法完全适用于矿山微震,为此,要利用 b 值对孟村煤矿冲击地压或高能量微震事件进行预警,必须结合矿井采掘特点对微震事件演化规律进行针对性的研究。

（2）发震区域边界的确定

2015 年某段时间内在孟村煤矿 401101 工作面及附近监测到的 1 276 个微震事件的平面分布图如图 2.5.7 所示,图中初步将微震事件密集分布区域分别标记为 A、B、C、D 发震区域。表 2.5.1 列出了发震区域及发震单元对应关系。

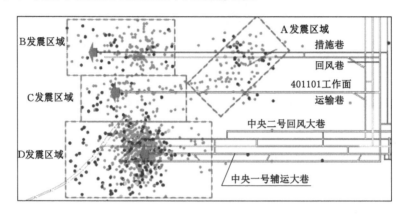

图 2.5.7　孟村煤矿 401101 工作面及附近微震事件平面分布图

表 2.5.1　发震区域及发震单元对应关系

发震区域	A	B	C	D
发震单元	F1 断层	401101 措施巷掘进工作面	401101 运输巷掘进工作面	F1 断层、中央一号辅运大巷掘进工作面

根据以上对于孟村煤矿中央一号辅运大巷空间分布特征的描述可知,D 发震区域边界分别为中央一号辅运大巷轴线以南 179 m、以北 251 m,掘进迎头前方 250 m,后方 250 m。另外,当内部发震单元的特征发生较大变化时,应及时按照以上方法重新得出边界范围。类似地,确定 A、B、C 发震区域边界则可参考对于 F1 断层、401101 措施巷、401101 运输巷处的微震事件空间分布特征的分析结果。

（3） b 值的确定

选取 2015 年 6 月 15 日—18 日 D 发震区域内连续监测到的 319 个微震事件,样本中最大震级 $M_{max}=1.1$,最小震级 $M_{min}=-1.7$。初步设定分档总数 $m=14$,分档间隔 $\Delta M=0.2$,起始震级 $M_1=-1.8$,最高档次震级 $M_{14}=0.8$,利用最小二乘法计算出 $b=0.68$。图 2.5.8 为原始数据对应的 lg N-M 关系,其中小震级端出现了严重的偏离"掉头"现象。

为确定最佳起始震级 M_1,将其依次设置为 -1.4,-1.2,-1.0,…,ΔM 及 M_m 不变,并利用最小二乘法计算 b 值。利用式（2.5.1）同时得出相关系数 r[140]。

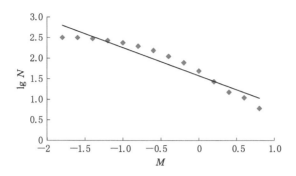

图 2.5.8　原始数据对应的 lg N-M 关系

$$r = \frac{\sum\limits_{i=1}^{m}\left(\lg N_i - \overline{\lg N}\right)\left(M_i - \overline{M}\right)}{\sqrt{\sum\limits_{i=1}^{m}\left(\lg N_i - \overline{\lg N}\right)^2}\sqrt{\sum\limits_{i=1}^{m}\left(M_i - \overline{M}\right)^2}} \qquad (2.5.1)$$

式中　m——样本中微震事件分档总数；

　　　M_i——第 i 档次震级；

　　　M——震级；

　　　$\overline{M}$——平均震级；

　　　N_i——震级大于 M_i 的微震事件频次；

　　　N——震级大于 M 的微震事件频次。

$|r|$ 越大，表明 lg N_i 与 M_i 之间的线性相关程度越高。计算结果如图 2.5.9 所示，可见随着 M_1 的增大，$|r|$ 和 b 值均逐渐增大，表明相关程度更高，但 $|r|$ 的增幅逐渐减小。当 $M_1 \geqslant -0.8$ 时，$|r|$ 变化幅度较小。$M_1 = -0.8$ 对应的 lg N-M 关系如图 2.5.10 所示，其拟合效果显著优于图 2.5.8 的拟合效果。M_1 由 -1.8 变为 -0.8 的过程中，b 值的增幅达 42%，可见，M_1 对 b 值影响较大。

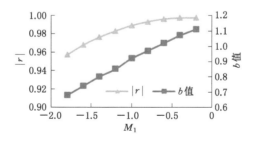

图 2.5.9　起始震级 M_1 与 b 值、$|r|$ 的关系

由于样本中震级 M 小于 -0.8 的微震数据不能很好地满足 G-R 关系，若以原始数据计算 b 值，将导致结果偏小，这可能是由于小震级微震事件缺失导致的。微震系统探头可接收频率为 1~600 Hz 的微震信号，对于最常用的 P 波定位方法而言，只有微震信号能同时被至少 4 个探头清晰地记录，才可能实现准确的三维坐标定位，进而成为有效记录数据。高频

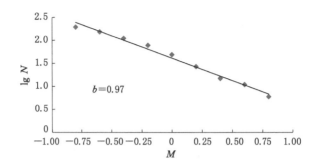

图 2.5.10 删除"掉头"区间数据后的 lg N-M 关系

率、低能量的微震信号在煤岩层传播过程中衰减更快,有效传播半径范围较小,该范围内的探头数量有可能小于 4 个。如此将导致部分客观发生的低能量微震事件无法被记录。反之,较高能量微震信号有效传播半径大,满足定位基本条件,记录遗漏现象较少。这也解释了图 2.5.8 中仅在小震级端存在"掉头"现象。

(4)最高档次震级 M_m 的确定

继续以上述案例说明,图 2.5.10 对应的分档总数 $m=9$,最高档次震级 $M_9=0.8$,且震级大于或等于 0.8 的微震事件频次 $N_9=6$。按照该图的最小二乘拟合公式 lg $N=1.61-0.97M$ 计算得出 $M=1.0$ 对应的微震事件频次 N 的理论值为 4 或 5。若将分档总数 m 调整为 10,最高档次震级 $M_{10}=1.0$,对应的 lg N-M 关系如图 2.5.11 所示。

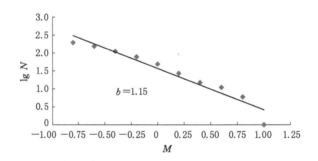

图 2.5.11 调整最高档次震级后的 lg N-M 关系

对比图 2.5.10 及图 2.5.11 可以发现,虽然仅增高了 1 个档次,但 b 值拟合结果由 0.97 陡增至 1.15,增幅达 18.6%,且震级 1.0 对应的数据点显著偏离拟合线,亦出现了"掉头"现象。然而基于 b 值的最小二乘拟合原理及其物理意义可知,当时间窗内出现新的高能量微震事件,拟合直线将更加平缓,b 值应适度降低,预示着当前时段高能量微震事件的发生概率有所增加,这显然与图 2.5.11 的拟合结果相矛盾。

实际发生的震级大于或等于 1.0 的微震事件频次 $N_{10}=1$,数据量显著少于按照前 9 个数据点拟合出的理论值,这很可能是上述矛盾的关键原因。分析认为,在设置最高档次震级 M_m 时,应考虑数据样本大震级端的频次分布情况,使得最高档次震级对应的频次 N_m 与其理论值(由小震级 G-R 关系拟合得出)相当,并保证推移时间窗过程中,非空档总数不变。

具体操作过程中,首先统计样本的震级分布范围,所设置初始最高档次震级 M_m 应比样

本最大震级 $M_{\max}$ 小 3~4 倍的 ΔM，然后将最高档次震级依次递增，同时计算对应的 b 值及相关系数 r，计算结果出现明显拐点处，即为该样本对应的合理最高档次震级。考虑到样本将随着时间窗的推移不断变化，可连续计算多个的时间窗数据加以对比。

同样以上述案例说明，该微震事件样本中最大震级 $M_{\max}=1.1$，$\Delta M=0.2$，考虑到起始震级为 -0.8，可设置初始最高档次震级为 0.4，计算出最高档次震级 M_m 与 b 值、$|r|$ 的关系如图 2.5.12 所示。b 值及 $|r|$ 变化曲线在 $M_m=0.8$ 处出现明显拐点，M_m 小于该值时，两变量变化较小，表明 M_m 对应的 N_m 与其理论值相当。M_m 大于该值时，两变量突然剧烈调整，表明 M_m 对应的 N_m 与其理论值出现大幅偏离（实际值为 1，理论值为 4 或 5），因此 M_m 设置为 0.8 相对合理。

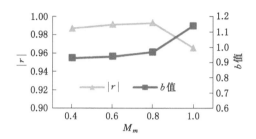

图 2.5.12   最高档次震级 M_m 与 b 值、$|r|$ 的关系

究其原因，主要是在有限时间窗内的高能量微震事件频次是有限的，很可能不能充分体现更大时间窗范围内高能量微震事件所占的比例，倘若将未充分统计的高能量微震事件单独归入最高档次震级，将导致最高档次震级对应的事件频次偏少，b 值大幅提高，形成不可接受的误差。

（5）分档间隔 ΔM 的确定

确定了起始震级和最高档次震级之后，再考察确定分档间隔将不会受到两端"掉头"问题的影响。对比图 2.5.10、图 2.5.13 和图 2.5.14 发现，总体相关程度较高的情形下 ΔM 对 b 值拟合结果的影响较小。若部分数据样本离散度较大，较大的 ΔM 可能会引起 b 值跳跃，为了提高数据精确度，ΔM 取 0.05。

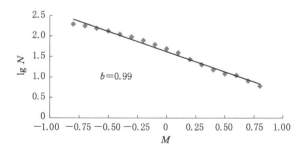

图 2.5.13 $\Delta M=0.1$ 对应的 $\lg N\text{-}M$ 关系

（6）时间窗 T 的确定

时间窗 T 决定了计算样本的数据量，对 b 值的计算结果影响较大。依据前文研究得出

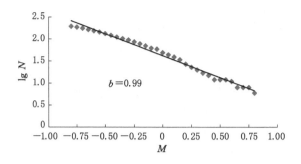

图 2.5.14 $\Delta M = 0.05$ 对应的 lg N-M 关系

的 D 发震区域边界确定方法,选取 2015 年 6 月 6 日—7 月 9 日该区域内连续监测到的微震事件 1 975 个,时间窗 T 分别设定为 1 d、2 d、4 d、6 d、8 d。考虑到矿井每日更新监测日报表的工作制度,将滑动步长设定为 1 d,绘制出典型 b 值变化曲线,并标出能量相对较高的微震事件的发生日期,如图 2.5.15 所示。

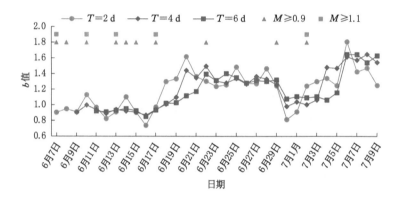

图 2.5.15 不同时间窗对应的 b 值变化曲线

当时间窗 T 较短时,b 值波动较大,随着 T 的变长,b 值变化曲线变得更加平滑。分析认为,当时间窗过短时,统计样本过少,b 值计算结果不具有统计意义,且易受随机异常因素影响。当时间窗过长时,b 值计算结果受早期历史数据的影响过大,其波动偏小,在时间序列上的可区分性差,无法较好地反映微震活动规律随时间的变化,不便于后期应用。通过标记高能量微震事件的发生日期,并与 b 值变化曲线对比,可以确定该时期内合理的时间窗 $T = 4$ d,该条件下每个时间窗内的平均微震数据量为 239 个。

确定以上参数在孟村煤矿的取值后,将基于这些参数的 b 值计算方法编制为可一键计算的 b 值预警程序,如图 2.5.16 所示。

(7)b 值对高能量微震事件的预警

做出 b 值、日微震能量及频次随时间的变化曲线,如图 2.5.17、图 2.5.18 所示。对比发现,相对于日微震能量及频次变化曲线,b 值变化曲线更加平稳,表现出阶段性的高(低)值区间。绝大多数高能量微震事件发生在低 b 值区间,在高 b 值区间极少发生,对应关系十分明显,而日微震能量及频次曲线中该规律不显著。由于 b 值是反映不同震级微

图 2.5.16　b 值预警程序界面

震事件的比例关系,与微震频次无直接关联性,因此无须再单独考虑掘进进尺这一因素。

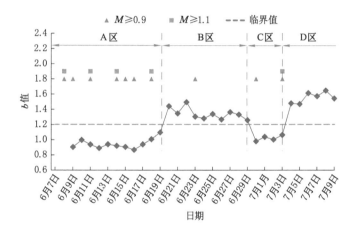

图 2.5.17　b 值随时间的变化曲线

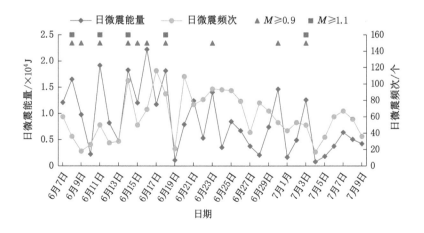

图 2.5.18　日微震能量及频次随时间的变化曲线

煤矿冲击地压的发生与震源能量及位置、围岩强度、支护条件等因素密切相关。在其他因素一致的情况下，震源能量越大，发生冲击地压的可能性越大。因此，预警高能量微震事件有利于提前防范冲击地压的发生，降低致灾概率。以 $b=1.2$ 为临界值，将 6 月 9 日至 7 月 9 日划分为 4 个区间，现场应用时可将 A、C 两个低 b 值区间认定为潜在冲击危险时期，该时期内应加强解危工作和人员管理，防范高能量微震事件诱发冲击地压。

为使 b 值更好地应用于孟村煤矿的冲击地压预警效果，使其更加符合矿井对于预警指标的日常管理思维，对基于以上参数的 b 值进行取倒数作为孟村煤矿冲击危险指数，并内置于计算程序中以方便应用。

图 2.5.19 为孟村煤矿 DF29 断层影响区冲击危险指数变化曲线，其中根据孟村煤矿不同震级微震事件发生后现场显现情况，以发生震级 $M \geqslant 2.0$（能量高于 1.3×10^5 J）的微震事件作为验证。可见，高能量微震事件主要发生在冲击危险指数较大时，在指数较小或处于减小阶段基本不发生，表明冲击地压危险预警效果较好。8 月 21 日发生高能量微震事件主要是因为孟村煤矿中央一号辅运大巷掘进迎头附近开挖硐室。

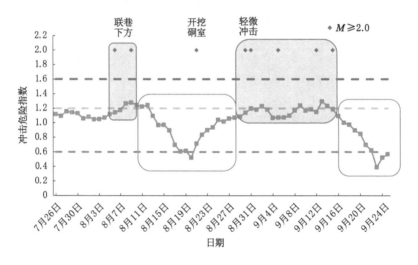

图 2.5.19　孟村煤矿 DF29 断层影响区冲击危险指数变化曲线

图 2.5.20 为孟村煤矿中央二号回风大巷冲击危险指数变化曲线，可见所统计的时间窗内，冲击危险指数均处于较低水平，现场基本均为低能量微震事件，表明冲击地压危险预警效果较好。

图 2.5.21 为孟村煤矿中央二号回风大巷日微震能量及频次变化曲线，可见与 DF29 断层影响区围岩能量释放水平相比，中央二号回风大巷围岩能量释放水平较低，且较为均匀。

综上，岩体破裂失稳往往与 b 值降低相对应，对得出的 b 值综合统计，并选择合适的阈值，可以有效判别有效区域内的高能量微震事件，这也表明可以将其作为冲击地压发生前兆的拾取依据。另外，依据现场收集的微震事件分析，将 b 值演化为冲击危险指数并进行了应用，应用效果进一步说明了在大能量微震事件的基础上冲击危险指数可实现对高能量微震事件的精准预警，从而有利于提前防范冲击地压的发生，降低致灾概率。

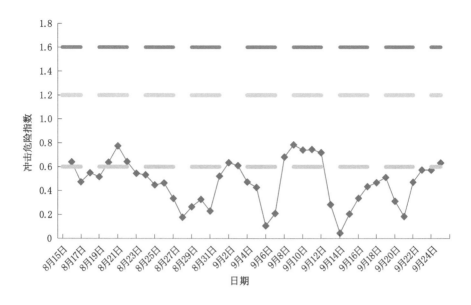

图 2.5.20　孟村煤矿中央二号回风大巷冲击危险指数变化曲线

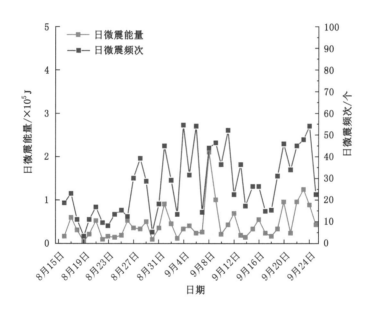

图 2.5.21　孟村矿中央二号回风大巷日微震能量及频次变化曲线

2.6　彬长矿区冲击地压防治发展历程

2.6.1　冲击地压防治策略及规划

彬长矿区地质条件复杂、自然灾害耦合叠加,被国家矿山安全监察局认定为全国煤矿灾害最重、治理难度最大、安全风险最高、有效防范和遏制重特大事故任务最繁重的矿区之一。彬长矿区冲击地压显现威胁和制约着矿区安全发展,为了对冲击地压进行有效的防治,陕西彬长矿业集团有限公司与中煤科工开采研究院有限公司、中国矿业大学等单位联合开展煤层及其顶底板冲击倾向性鉴定,编制防冲设计、制定防冲顶层设计,制订防冲规划等,如图 2.6.1 所示。

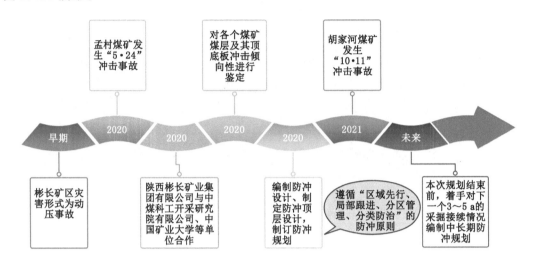

图 2.6.1　彬长矿区防冲规划示意图

具体规划如下:

彬长矿区孟村煤矿、胡家河煤矿于 2020 年分别完成了孟村煤矿中长期(2020—2024年)防冲规划、胡家河煤矿中长期(2020—2022 年)防冲规划,并计划在本次中长期防冲规划期限结束前,着手对下一个 3～5 a 的采掘接续情况编制中长期防冲规划。规划对采掘区域进行总体的冲击危险性评价并划分冲击危险区域,遵循"区域先行、局部跟进"的防冲原则,安排规划期内的采掘布局与开采顺序,并依据"分区管理、分类防治"的防冲原则,制定采掘工作面冲击地压监测、治理等指导性方案,同时对冲击地压防治管理进行总体规划,包括防冲机构组成和人员规划、防冲装备购置规划、制度建设规划、人员培训规划、防冲科研和费用规划等。

彬长矿区大佛寺煤矿于 2020 年完成了大佛寺煤矿灾害治理五年(2020—2025 年)规划,其中对 2020 年至 2025 年防治冲击地压的重点区域进行划分并制定相应的防冲措施。

彬长矿区小庄煤矿委托中煤科工开采研究院有限公司对小庄煤矿未来 5 a 煤矿防冲开采进行规划,并对其冲击地压综合防治技术进行研究,主要包括小庄煤矿冲击地压发生类型与机理研究,采掘工作面防冲布置与开采强度研究,主采工作面回采过程防治方案跟踪指导,主采工作面回采过程冲击地压监测数据分析,新掘与在用开拓、准备巷道中等以上危险性区域抽检与解危方案设计等。

2.6.2　冲击地压防治技术发展

国内外学术界普遍认为,冲击地压防治是采矿工程和岩石力学领域面临的一项世界性难题,其致灾机理尚未研究清楚,相关防治技术手段仍需完善。针对冲击地压防治技术,国内外众多学者进行了相关的研究并取得了一定的成果。常规的冲击地压防治方法分为巷外卸压与巷内卸压,巷外卸压有开采解放层、开掘卸压巷硐等,巷内卸压有开槽卸压、爆破卸压、水力卸压、钻孔卸压等,其中:开槽卸压通过切断应力传递路径,释放煤岩体的弹性变形能,从而降低冲击危险性[141-143];爆破卸压通过改变围岩应力水平,使得高应力转移至深部,同时改变围岩物理力学性质,降低其储能能力,从而降低冲击危险性[144-147];水力压裂通过改变围岩的结构,在围岩中形成节理裂隙弱面,弱化围岩力学性能,降低围岩整体强度,同时在压裂裂缝产生过程中积聚的能量释放,应力集中程度降低,使得围岩应力能量状态始终处于冲击发生阈值以下[148-151];钻孔卸压通过人为破坏围岩完整性,将巷道浅部高应力转移至深部,同时为浅部围岩膨胀变形提供有效的补偿空间,弱化应力和能量传导[152-155]。

钻孔卸压和爆破卸压等技术在一定程度上保障了彬长矿区矿井开采初期的安全生产,但随着采动强度增大,冲击地压显现愈发剧烈,防冲效果不是很好,需要采用新技术进一步提升防冲效果。彬长矿区积极开展冲击地压防治技术与实践探索,加快产学研用深度融合,持续发力促进冲击地压防治理论与技术的突破,逐步发展形成了具有特色的防冲技术,具体如下:

(1)煤层大直径钻孔卸压技术:通过在煤层施工 ϕ153 mm 钻孔,对煤层进行卸压,卸压半径可达 1.0～1.5 m。

(2)煤层爆破卸压技术:采用爆破方法对煤层进行卸压,爆破影响半径可达 3～5 m。

(3)水射流旋切技术:以水为能量载体,通过液体增压装置和特定喷嘴,将电机机械能转化为水的动能,从而形成高压水射流,使岩石破碎,产生剪切裂缝,同时抗拉强度较低的岩体在拉应力作用下产生大量拉裂缝。

(4)顶板深孔预裂爆破技术:以煤层上方约 30 m 的砂岩顶板为目标岩层,采用深孔预裂爆破技术对目标岩层进行弱化处理,爆破影响半径可达 5～10 m。

(5)顶板高压水力压裂技术:以煤层上方直接顶及基本顶岩层为目标,钻孔呈倾斜布置,注水预裂缝起裂后水压下降,继而进入保压阶段,在此阶段,裂缝扩展的同时伴随着新裂缝的产生,要注意监测注水量,保证顶板岩层充分弱化和软化。

(6)地面"L"型水平井分段压裂技术:以距离煤层上方 60～90 m 的含砾砂岩为目标岩层,采用泵送桥塞分簇射孔联作压裂工艺对目标岩层进行后退式分段压裂,压裂裂缝长可达 340 m、高可达 50 m 以上。

(7)井下顶板定向长钻孔水力压裂技术:以煤层上方约 40 m 的砂岩顶板为目标岩层,采用高压水力压裂技术对目标岩层进行后退式分段压裂,压裂半径可达 25 m,裂缝高可达 10 m。

(8)防冲支架超前支护技术:新型防冲支架与以往使用的普通型超前支架相比,具有对顶板破坏小、支承阻力大、使用灵活方便等特点,能够有效抵抗冲击地压对巷道的破坏。

彬长矿区的防冲技术及其简要特征如图 2.6.2 所示。

2.6.3 冲击地压防治装备发展

近年来,彬长矿区防冲装备迅速发展,防冲装备主要包括监测装备和卸压解危装备。

精准监测是冲击地压防治的"眼睛",是实现精准防治的前提。彬长矿区矿井开采近水平煤层,井下微震监测系统垂向定位误差较大,给监测预警工作带来困难。为提高微震监测垂向定位精度,彬长矿区引进了地面 ARP 微震监测系统,与井下采用的微震、地音、应力在

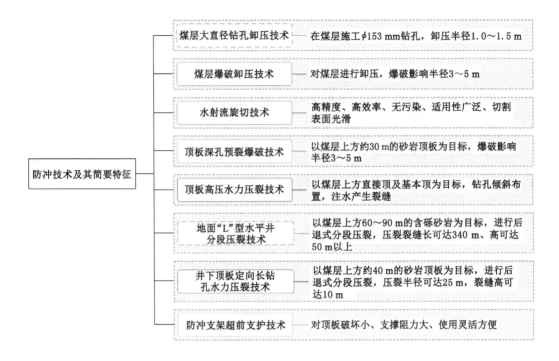

图 2.6.2　彬长矿区的防冲技术及其简要特征

线、矿压等多元监测系统进行有机融合,形成了井上下联合监测系统,同时,通过融合多种监测系统,建立了冲击地压综合预警平台,克服了单一预警指标的缺陷,提高了监测精度和效率。

（1）监测装备发展

目前彬长矿区主要监测装备有微震监测系统（地面 ARP 微震监测系统、SOS 微震监测系统、ARAMIS 微震监测系统）、KJ24 应力在线监测系统、ARES-5/E 地音监测系统、PASAT-M 震波 CT 探测系统、钻屑检验机具等（图 2.6.3）。

（2）卸压解危装备发展

卸压解危装备是冲击地压防治的关键,为了更加精准全面地在源头上降低冲击地压危险性,彬长矿区购置 90 余台防冲钻机、5 套水力压裂设备、6 套超高压水力割缝设备,并引进 ZQ2000/20/40 型墩式防冲支架,实现了井上下立体防治冲击地压,全面提升了冲击地压的卸压解危能力。

目前彬长矿区主要卸压解危装备有大功率 ZDY3500LP、ZDY4000LR 液压钻机,水力压裂设备,超高压水力割缝设备等（图 2.6.4）。

2.6.4　冲击地压防治"1155"新模式形成

国内专家学者已对坚硬顶板治灾机理及防控技术进行了深入研究,取得了良好的防治效果。但其研究多针对单一坚硬岩层或单一防治措施,未能形成成套技术体系。同时大部分深部冲击地压矿井往往存在多层坚硬厚岩层,国内学者对于此类情况下冲击地压防治研究及工程实践较少。陕西彬长矿业集团有限公司紧紧围绕打造全国多元灾害耦合协同治理

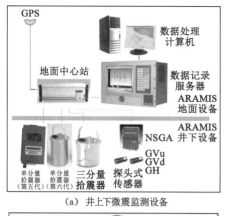

（a）井上下微震监测设备

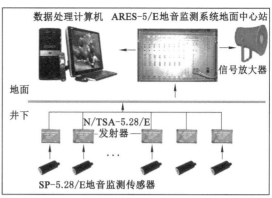

（b）井下地音监测设备

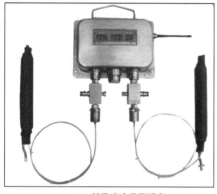

（c）钻孔应力监测设备

（d）液压支架阻力监测设备

图 2.6.3　监测装备

（a）地面"L"型水平井分段压裂设备

（b）井下顶板定向长钻孔水力压裂设备

（c）顶板高压水力压裂设备

（d）大直径钻孔卸压设备

图 2.6.4　卸压解危装备

示范矿区目标,依照"地质先行、超前探查,分级治理、立体实施,精准监测、效果达标"的总体思路,以所属5对矿井冲击地压防治实践为例,针对彬长矿区普遍存在多种坚硬厚岩层的特殊情况,通过构建井上下联合监测技术体系,提高监测精度,并通过对高、中、低位厚硬岩层采取地面"L"型水平井分段压裂、井下顶板定向长钻孔水力压裂、顶板深孔预裂爆破等针对性的岩层弱化措施,配合煤层大直径钻孔卸压、煤层爆破卸压等煤层卸压措施,形成了一种冲击地压井上下立体防治模式。以此为基础,在彬长矿区探索形成了冲击地压防治"1155"新模式(图2.6.5),即:围绕"零冲击"防治1个目标;坚持冲击地压"可预、可防、可控"1个理念;采用井上下联合监测5种方法,分别为ARP微震监测方法、微震监测方法、地音监测方法、应力在线监测方法、矿压和顶板离层监测方法;应用井上下协同卸压5项技术,分别为地面"L"型水平井分段压裂技术、井下顶板定向长钻孔水力压裂技术、顶板深孔预裂爆破技术、煤层大直径钻孔卸压和煤层爆破卸压技术、水射流旋切技术。该模式为降低冲击风险、实现"零冲击"目标和矿区安全生产提供了有力保障。通过应用该模式,在采场附近形成了较大范围的应力降低区,大幅降低了冲击危险,为彬长矿区及周边矿井冲击地压灾害治理提供了借鉴。

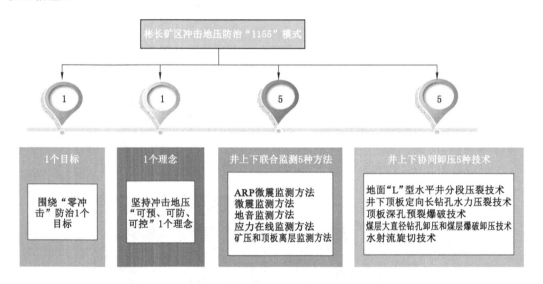

图2.6.5 彬长矿区冲击地压防治"1155"模式

3　彬长矿区井上下联合监测技术体系

经过多年的实践探索,彬长矿区逐渐形成了具有特色的地面与井下、区域与局部相结合的联合监测技术体系,建成了微震、地音、应力在线、矿压和顶板离层等冲击地压监测系统,配备了 PASAT-M 便携式微震探测仪,制定了多参量综合预警指标,建立了冲击地压综合预警平台,形成了以微震为主的区域监测和以地音、应力在线为主的局部监测体系,实现了远场与近场的全方位实时监测,同时基于矿井冲击地压发生规律,采用井上下联合监测 5 种方法,为降低冲击风险、实现"零冲击"目标和矿区安全生产提供了有力保障,在矿井生产过程中多次成功预警。

3.1　冲击地压发生前兆

冲击地压预测预报的前提条件是冲击地压发生前有征兆,并可以利用这些前兆信息进行冲击地压发生的时间、地点和强度的预测。因此,冲击地压前兆信息识别在冲击地压预测预报中占有十分重要的位置。

冲击地压按力源条件和发生机理可以大致分为顶板断裂型、煤体压缩型和断层活化型三种,不同类型冲击地压的前兆信息存在显著差异。因此,针对具体矿井,需要在冲击地压类型和发生机理认识的基础上,进行冲击地压前兆信息的识别,这显然可以提高冲击地压预测预报的可靠性。需要指出的是,由于矿井条件的复杂性,冲击力源往往不是单一的,而是多种因素综合作用的结果,其前兆信息将会表现得更为复杂,需要在大量数据深入挖掘的基础上,采用合适的识别理论和方法,才有可能获得。

一般来说,冲击地压是积聚在煤岩体中大量弹性能的突然释放引起的动力现象。从本质上说,冲击地压是一个非平衡条件下,由于煤岩体渐进劣化诱发灾变的非线性动力失稳过程。在这个过程中都将伴随多种物理信息的变化,其中包括微震、地音、应力、钻屑量等,由于与冲击地压严格对应的确切前兆现象尚未找到,目前主要依据冲击地压发生前兆的综合信息来实现对冲击地压的预测预报。

3.1.1　微震监测冲击地压发生前兆

（1）时间上的可识别性

从中长期来看,微震活动越频繁或释放能量越高,反映了该时间段或当前开采区域煤岩破坏越剧烈,是冲击危险性增加的信号,反之则相反。

（2）空间上的可识别性

微震是高应力作用下煤岩体宏观破坏的产物，每一次微震事件的发生代表能量的集中释放，因此微震事件频发的区域往往与高应力区重合。利用微震事件发生的时间、位置和能量等基本参数可以获得围岩破裂的时空分布状态，基于微震频度和强度的集中区域，可以大致划定具有潜在冲击危险的区域及危险程度。

3.1.2 地音监测冲击地压发生前兆

同微震一样，地音也是煤岩破裂产生的微小震动信息，是煤岩在应力作用下损伤产生和发展的结果，因此，地音活动与煤岩内部损伤状态的发展直接相关，地音与损伤之间存在必然联系。通过对煤岩损伤过程中地音事件的统计分析，可以建立地音和损伤之间的本构关系。

煤岩在采掘活动的影响下产生不同的地音强度，与煤岩的破坏状态有着密切的关系。通过监测井巷采场附近煤岩的地音情况，就可能了解冲击地压的孕育和发展过程，换言之，在有冲击地压危险的矿井，地音活动包含了冲击地压的前兆信息。目前可识别冲击地压的地音前兆模式，分为持续加载型、循环扰动型和动静组合加载型。

持续加载型冲击地压是静载持续增长达到冲击临界应力后，在没有动载应力参与或动载仅为扰动诱发的条件下自发产生的冲击现象，持续加载型冲击地压地音活动具有"缓增-快增"的前兆模式，如图 3.1.1 所示。

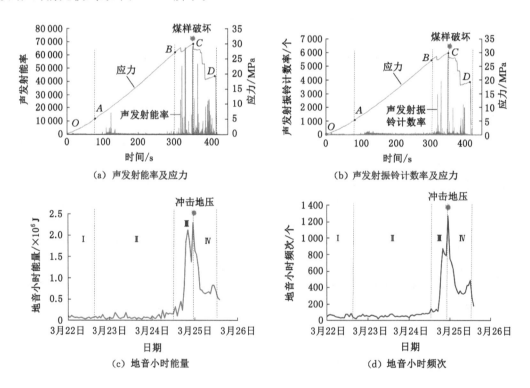

图 3.1.1 持续加载型冲击地压声发射/地音典型前兆模式特征

循环扰动型冲击地压地音活动具有"波动增长"的前兆模式，即地音活动具有 3～5 个循环的活跃-平静现象，且整体呈现缓慢上升的趋势，直至发生冲击地压。

动静组合加载型冲击地压是指煤体静载应力缓慢增长到一定程度后,由于外界强烈动载应力的作用,导致煤体应力突然急剧增加至冲击临界载荷而诱发的冲击现象。这种类型的冲击地压最为普遍,一般具有震源距离显现位置远、释放能量大、破坏范围广等特征。该类型冲击地压的地音活动具有"平稳活跃"的前兆模式,即在冲击地压发生前,地音活动保持较长时间的平稳增长状态,临近冲击地压发生时,地音活动在极短的时间内急剧增加,且在冲击地压发生后逐渐恢复至较低水平。

3.1.3　围岩应力监测冲击地压发生前兆

地下煤岩在采动以前处于静止状态,所以原煤岩处于应力平衡状态,采动发生后,围岩的应力平衡状态遭到破坏,引起应力重新分布,当重新分布的应力超过煤岩的极限强度时,采掘空间煤岩发生破坏,进而诱发冲击地压等煤岩动力灾害。工作面周围应力场如图3.1.2所示。

对冲击地压预测来说,煤体应力是最为可靠的物理信息。冲击地压与采动应力和原岩应力形成的采场围岩应力环境密切相关,在高应力作用下,具有冲击倾向性的煤岩层发生突然破坏,是冲击地压发生的

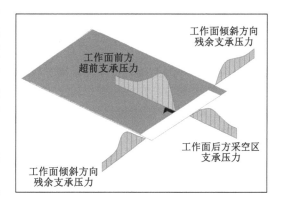

图3.1.2　工作面周围应力场

根本原因。而高应力又分为静载与动载,其中由静载形成的静应力场是自重应力、构造应力和采动支承压力综合作用的结果,是自然因素、开采历史和开采过程的综合反映,动载以采场大面积直接坚硬顶板断裂或上覆高位坚硬顶板断裂、底板断裂、煤柱失稳产生的瞬间压缩弹性能为主,煤体应力集中程度越高,冲击地压发生所需要的动载扰动就越小。采矿活动引起岩体中应力的重新分布,在某些区域产生应力集中,并积聚了很高的应变能,通过实验室单轴抗压试验可以显示出这种应力集中情况,如图3.1.3所示。

（a）破坏前　　　　　　　　　　（b）破坏后

图3.1.3　煤岩试件破坏前后应力的分布

在采掘过程中,对煤岩内应力大小及变化情况进行实时监测,及时准确掌握围岩应力变

化情况,可以避免灾害事故发生,确保安全生产。

3.2 冲击地压综合预警平台开发

冲击地压监测信息量大,依靠人工分析无法完成数据的及时有效分析,为了进行快速分析和结果展示,实现冲击地压全面、准确和及时预警,在科学、合理的数据融合、挖掘与分析技术的基础上,开发一套自动化、信息化、智能化的冲击地压预警平台是冲击地压预警技术的必然发展趋势,也是冲击地压灾害防治的迫切需要,这对减少煤矿冲击地压灾害事故,确保煤矿安全生产和人员生命安全具有重要作用。

3.2.1 冲击地压综合预警平台开发的目的和要求

为提高矿区冲击地压灾害监测预警精度,提升日常监测分析的自动化和智能化水平,陕西彬长矿业集团有限公司联合中煤科工开采研究院有限公司共同开发了冲击地压综合预警平台,实现了多种类型监测数据的自动接入、存储、联合分析与结果展示,大幅提高了矿井的冲击地压监测预警水平。

针对冲击地压远场动载和近场静载同时进行监测,因而,不能采用单一方法或技术实现冲击危险性判别。因此,基于冲击地压发生的复杂性、监测手段的多样性等特点,必须采用多手段联合监测、多指标综合分析的评价方法,对不同监测方法的评价结果进行权重综合,以此为基础建立冲击地压综合预警平台。图 3.2.1 为冲击地压多元监测方法设计。

图 3.2.1 冲击地压多元监测方法设计

冲击地压综合预警平台设计的基本要求是:
① 接口全面,可接入市面常用冲击地压监测系统数据;
② 数据自动采集、更新,监测数据可视化分析与显示;
③ 矿山活动与监测数据动态三维显示;
④ 自动生成微震平面、剖面;
⑤ 冲击危险性实时动态评价与自动预警;

⑥ 自动生成与打印各种定制化报表;

⑦ 具备短信、微信等方式发布相关险情信息;

⑧ 可实现"矿区-集团-远程数据分析团队-政府监管部门"多级监控、管理与协作。

3.2.2 冲击地压综合预警平台工作原理及框架

基于冲击地压启动理论、动静载分源监测预警原理,针对矿井动静载荷源分布特征,确定各监测预警技术的使用范围,提出各种监测预警方法的具体预警指标和准则,建立一种集成接口融合、格式转化、统计分析、指标优先、权重计算、等级预警等功能为一体的综合数据管理平台,可以实现对微震、地音、应力、钻屑量及矿压等多参量、多尺度预警信息的深度开发与融合,以此实现冲击地压预警功能。冲击地压综合预警平台共包括三维模型构建、模型及监测三维展示、监测数据管理、办公应用、系统管理等 5 个模块。图 3.2.2 为冲击地压综合预警平台工作原理。

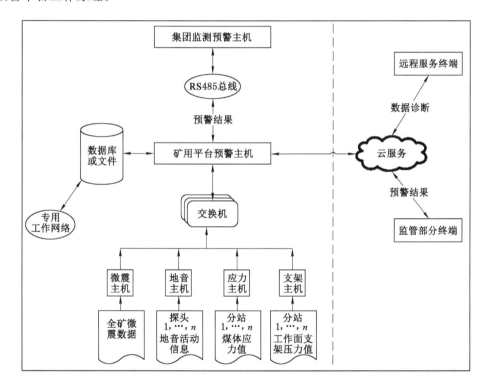

图 3.2.2 冲击地压综合预警平台工作原理

冲击地压综合预警平台框架由 4 个层次组成(图 3.2.3),具体包括:

① 数据采集层,采集各类冲击地压监测数据,涵盖不同尺度、不同物理意义、不同格式等;

② 数据存储层,建立统一的冲击地压多参量监测数据管理中心,统筹各类型数据;

③ 业务层,基于统计学、地球物理学及工程相关性,对多参量数据进行规律性分析;

④ 展示层,将结论性分析成果以适当的格式和便捷的途径传递给阅读方。

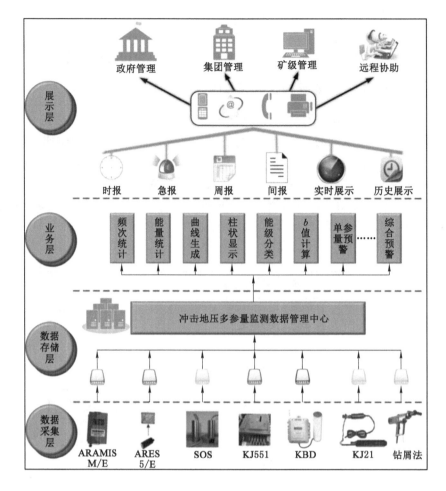

图 3.2.3　冲击地压综合预警平台框架

3.2.3　冲击地压综合预警平台基本功能

冲击地压综合预警平台采用"大数据""云技术",实现了原始数据与分析结果的云实时同步存储,具有"冲击地压多参量实时监测预警及监测结果查询、展示,综合监测报表一键生成,预警信息短信发送,冲击危险动态推演"等几十项功能,建立了"煤矿→集团→远程数据分析团队→政府监管"多级监控、管理与协作体系,从多层面对冲击地压灾害诱发机理、风险判识、监控预警开展研究分析,形成了冲击地压风险判识评价体系,大幅降低了监测分析人员的工作强度。

如图 3.2.4 所示,冲击地压综合预警平台包括矿井建模(矿井、构造、进尺)、数据分析(曲线、柱状图、投影图、数据编辑)、监测预警、设备管理(微震、应力、地音、支架设备)、三维可视化、信息设置等6部分功能。

(1)矿井建模:设置矿井生产/检修班次,对矿井各煤层冲击倾向性、巷道、采掘工作面及断层、褶曲构造进行建模,每日对采掘工作面进尺进行录入和管理。

(2)数据分析:对微震数据进行平剖面投影、频次/能量活动趋势分析、能级柱状分析

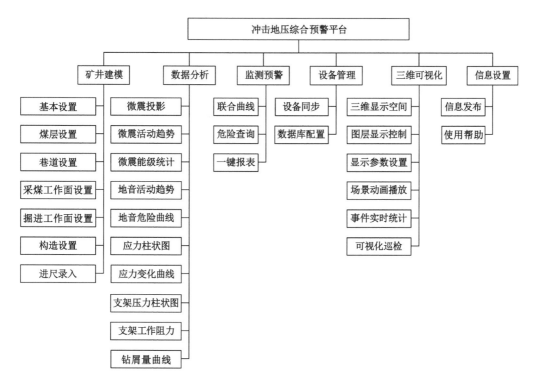

图 3.2.4 冲击地压综合预警平台软件功能菜单及子菜单结构图

等;对地音、应力及支架压力数据进行常规的时空分析及危险曲线绘制;钻屑法数据分析等。

（3）监测预警:查看具体时空点监测数据及危险趋势分析;查看过去的任意时间点危险等级;一键生成定制报表。

（4）设备管理:对各监测系统在矿井中实际位置及编号与综合预警平台矿井模型进行对应识别;自动连接微震、地音等监测系统数据库,数据库接口配置及工况实时监控。

（5）三维可视化:推演煤矿采掘作业及微震事件发生情况,通过鼠标左键及滚轮对三维矿井、微震模型进行操作;巡检微震事件动态变化;对微震、矿井、监测设备等图层进行显示控制。

（6）信息管理:通过手机短信等方式自动或半自动发布高能量微震事件及冲击地压预警信息等险情,具有声光报警功能;提供预警平台的使用帮助。

3.3 基于多元监测系统的冲击地压井上下联合监测预警体系

3.3.1 区域监测

（1）微震监测系统

微震监测系统是目前唯一能够实现对远场动载荷进行有效监测的系统,能够实现对全矿范围内微震事件进行监测。该系统具有远距离、动态、三维、实时监测的特点,还可根据微震事件的频次、能量、位置,进而分析微震活动趋势,以达到预测预报的目的。

孟村煤矿 SOS 微震监测系统始建于 2015 年,该系统由数据采集器、记录仪、分析仪、拾震器和数字传输系统等组成。SOS 微震监测系统实物图如图 3.3.1 所示,系统组成如图 3.3.2 所示。

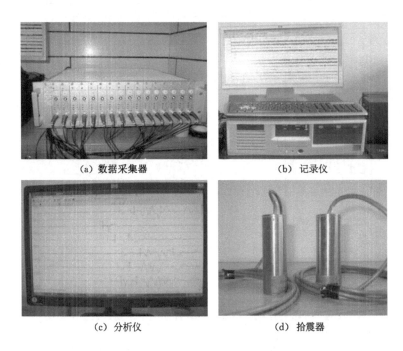

（a）数据采集器　　　　　　　（b）记录仪

（c）分析仪　　　　　　　（d）拾震器

图 3.3.1　SOS 微震监测系统实物图

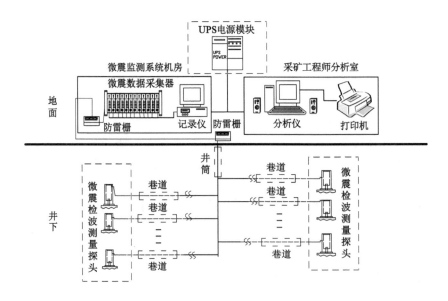

图 3.3.2　SOS 微震监测系统组成

将所在工作面微震事件最高能量 E_{max} 或每 5 m 推进度累积能量 $\sum E$（按实际推进度

进行折算)作为预警指标来判断当前冲击危险状态,工作面回采过程中根据该工作面的微震监测数据科学修订微震监测预警指标。按微震监测预警指标将冲击地压危险等级分为4种,采掘活动过程中针对不同危险等级采取对应措施。冲击地压危险的微震监测预警指标如表3.3.1所列。

表 3.3.1　冲击地压危险的微震监测预警指标

危险等级	预警指标	对应措施
a	① $E_{max} < 5 \times 10^3$ J; ② $\sum E < 5 \times 10^4$ J/5 m; ③ 释放能量 3 d 内没有增加。 三个条件中满足两个及以上	正常生产
b	① 5×10^3 J$\leqslant E_{max} < 5 \times 10^4$ J; ② 5×10^4 J/5 m$\leqslant \sum E < 5 \times 10^5$ J/5 m; ③ 释放能量 3 d 内有增加,但没有连续增加。 三个条件中满足两个及以上	回采作业正常,加强监测
c	① 5×10^4 J$\leqslant E_{max} < 5 \times 10^5$ J; ② 5×10^5 J/5 m$\leqslant \sum E < 5 \times 10^6$ J/5 m; ③ 释放能量 3 d 内连续增加。 三个条件中满足两个及以上	停止回采作业,开展解危措施,检验结果低于临界值,确认危险解除后恢复生产
d	① $E_{max} \geqslant 5 \times 10^5$ J; ② $\sum E \geqslant 5 \times 10^6$ J/5 m; ③ 释放能量 3 d 内连续增加,且第三天 $\omega \geqslant 400\%$。 三个条件中满足两个及以上	停止回采作业,人员撤离危险地点,待危险等级降至 c 级或其他监测数据显示无危险后采取解危措施,检验结果低于临界值,确认危险解除后恢复生产

注:ω 为环比百分数,即(分析期监测总能量/上期监测总能量)×100%,分析统计周期为 1 d。

(2)冲击危险源原位探测-震波 CT 法

矿区震波 CT 主要核心装备为 PASAT-M 型便携式微震探测仪(24 通道),如图 3.3.3 所示。该仪器可用于煤体静载荷的区域探测,可获取煤岩层地震波波速,然后通过波速、波速梯度、波速异常等与地应力相关的特征参量,可获取区域内地应力分布特征,进而构建冲击危险性评价模型,掌握潜在的冲击危险区域,并以云图的形式进行直观展现。

该装备具备评价效率高、节约工时、评价依据充分、结论展现直观、携带方便、探完即撤等优点,广泛应用于煤层及盘区大巷群内煤巷区域、工作面回采前、回采至高危险区、工作面复产前、冲击地压事故发生后及工作面解危后的效果检验等特殊区域及特殊时期的冲击危险原位探测,同时可以进行一些如煤柱应力、构造影响范围、工作面地质异常体及工作面超前支承压力影响范围等常规探测。

3.3.2　局部监测

(1)地音监测法

ARES-5/E 地音监测系统共分为 5 个部分:ARES-5/E 地面中心站、N/TSA-5.28/E 信

图 3.3.3　PASAT-M 型便携式微震探测仪

号发射器、SP-5.28/E 传感器、数据处理计算机和扩音器。ARES-5/E 地音监测系统结构图见图 3.3.4。

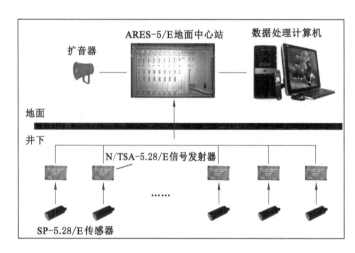

图 3.3.4　ARES-5/E 地音监测系统结构图

　　ARES-5/E 地音监测系统的工作原理:SP-5.28/E 传感器对地音事件进行实时监测,并将监测数据发送至 N/TSA-5.28/E 信号发射器;信号发射器对监测信号进行放大、过滤处理后,将其转化为电压信号传送到 ARES-5/E 地面中心站;地面中心站会对接收到的信号进行分类、统计,将其转化为数字信号后发送到系统分析软件内;系统分析软件根据实时监测数据对监测区域的冲击危险性进行综合评价,并给出相应统计图表。

　　地音监测法是在特定时间段内(每个工作循环或每小时)连续记录地音能量释放情况,然后根据监测到的数据来判断目前的危险状态。

　　地音预警采用异常指数法,具体方法为在特定时间段内(每个工作循环)连续记录地音能量释放情况,然后根据监测到的地音活动偏差值(Δd)来判断目前的危险状态。冲击地压危险的地音监测预警指标如表 3.3.2 所列。

表 3.3.2　冲击地压危险的地音监测预警指标

危险等级	预警指标	对应措施
a	$\Delta d < 25\%$	所有回采作业正常进行
b	$25\% \leqslant \Delta d < 100\%$； 或单个探头仅当前班 $\Delta d \geqslant 100\%$； 或同一平巷相邻两个探头仅其中一个 $\Delta d \geqslant 100\%$	回采作业正常,加强监测,关注指标变化趋势
c	单个探头连续两个班均 $100\% \leqslant \Delta d < 200\%$； 或同一平巷相邻两个探头均 $100\% \leqslant \Delta d < 200\%$	开展解危措施,检验危险解除后恢复生产
d	单个探头连续两个班均 $\Delta d \geqslant 200\%$； 或单个探头连续两个班,其中一个班 $100\% \leqslant \Delta d < 200\%$,另一个班 $\Delta d \geqslant 200\%$； 或同一平巷相邻两个探头均 $\Delta d \geqslant 200\%$； 或同一平巷相邻两个探头,其中一个探头 $100\% \leqslant \Delta d < 200\%$,另一个探头 $\Delta d \geqslant 200\%$	停止回采作业,人员撤离危险地点,待危险等级降至 c 级或其他监测数据显示无危险后采取解危措施,检验危险解除后恢复生产

（2）应力在线监测法

应力在线监测法是通过在煤岩层一定深度内埋设应力传感器,最终获取监测点应力变化的方法。该监测方法布置灵活、数据物理意义明确,是当前静载荷在线监测的主要方法之一。孟村煤矿于 2017 年购置了 KJ24 应力在线监测系统,系统结构图如图 3.3.5 所示,主要包括煤体应力监测装置、数据传输网络、显示平台、数据处理计算机等部分。

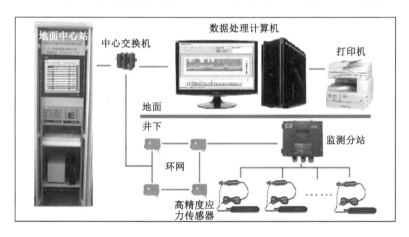

图 3.3.5　KJ24 应力在线监测系统结构图

该监测系统为矿区及时掌握围岩集中静载荷及冲击地压危险性变化情况、采掘扰动范围、检验煤层卸压效果起到了重要作用。系统核心装置为钻孔应力计,如图 3.3.6 所示,其工作原理:钻孔发生变形时,压力通过传感器两侧包裹体传递至充液后的压力枕,钻孔压力被转变为压力枕内液体压力,压力经导压管再传递到转换器,最终将压力信号变成可识别的电信号并上传至监测网络。

工作面回采前,在两巷超前工作面 300 m 范围内布置钻孔应力计,在回采帮布置应力

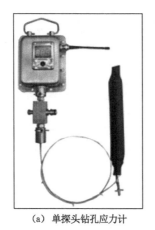
（a）单探头钻孔应力计

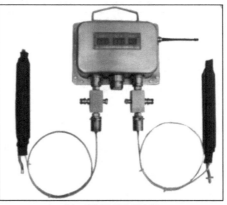
（b）多探头钻孔应力计

图 3.3.6　钻孔应力计实物图

计测站,组间距 20～30 m(其中强冲击危险区域组间距为 20 m),每组孔按浅(8 m)、深(12 m)2 个测点组合布置,安装孔径 45 mm,组内测点间距 1 m,布置图如图 3.3.7 所示。当工作面回采到距离最近应力计 5～10 m 时,将最近一组应力计传感器部分移至最外组应力计以外 20～30 m 位置,以此方式循环挪移传感器,以保证超前区域 300 m 范围内的有效监测。

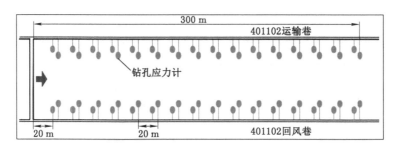

图 3.3.7　钻孔应力计布置图

根据孟村煤矿已有现场经验,可以初步给出应力在线监测初始预警指标:当应力监测结果为红色预警指标时,监测范围进入强冲击危险状态;当应力监测结果为黄色预警指标时,监测范围进入中等冲击危险状态;当应力监测结果小于黄色预警指标时,监测范围进入弱冲击危险状态。冲击地压危险的应力在线监测预警初始指标如表 3.3.3 所列。

表 3.3.3　冲击地压危险的应力在线监测预警初始指标

危险等级		预警初始指标			对应措施
		浅部(8 m)应力 $P/$MPa	深部(12 m)应力 $P/$MPa	24 h 内应力增量 $\Delta P/$MPa	
a	—	$P<7$	$P<9$	$\Delta P<0.5$	正常生产
b	—	$7\leqslant P<10$	$9\leqslant P<12$	$0.5\leqslant\Delta P<1.5$	正常生产,加强监测,关注指标变化趋势

表 3.3.3(续)

危险等级		预警初始指标			对应措施
		浅部(8 m)应力 P/MPa	深部(12 m)应力 P/MPa	24 h 内应力增量 $\Delta P/\mathrm{MPa}$	
c	黄色	$10 \leqslant P < 12$	$12 \leqslant P < 14$	$1.5 \leqslant \Delta P < 3.0$	开展解危措施,应力值降低到黄色预警指标以下恢复生产
d	红色	$P \geqslant 12$	$P \geqslant 14$	$\Delta P \geqslant 3.0$	停止采掘作业,人员撤离危险地点,待危险等级降至 c 级或其他监测数据显示无危险后采取解危措施,检验危险解除后恢复生产

(3)矿压监测法

矿压监测系统核心构成有地面监测服务器、矿用本安型光端机、矿用本安型压力监测子站、矿用本安型数字压力计、围岩移动传感器、锚杆(索)应力传感器、激光测距仪、矿用隔爆兼本安不间断电源、本安接线盒、通信电缆等。其中采煤工作面矿压监测系统布置方式为每 3 架液压支架安装 1 台压力监测分站,每个分站监测 4 个压力测点(前、后立柱),形成 34 组测点,对工作面支架工作阻力进行监测,对采场异常来压或压架进行监测预警,为工作面安全生产和后续工作面布置提供基础。应力传感器监测断面布置图如图 3.3.8 所示,矿压监测系统总体布局图如图 3.3.9 所示。

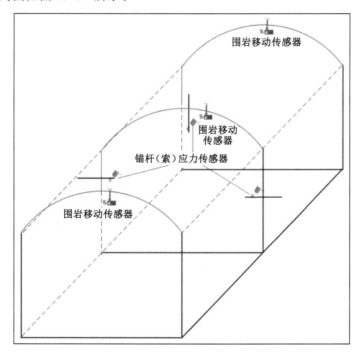

图 3.3.8 应力传感器监测断面布置图

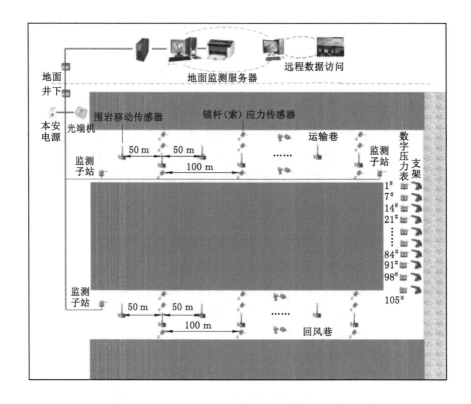

图 3.3.9 矿压监测系统总体布局图

3.4 冲击地压监测方法及预警要素

3.4.1 井上下联合监测方法

为提高监测精度,确定致灾关键层,实现冲击地压超前、精准预警,陕西彬长矿业集团有限公司制定了井上下联合监测 5 种方法,如图 3.4.1 所示。

井上下联合监测 5 种方法具体是:一是在地面安装 ARP 微震监测系统,对高位岩层破断产生的微震事件进行实时监测;二是在井下安装微震监测系统,与地面 ARP 微震监测系统有机融合,形成井上下联合微震监测台网,对岩体破裂产生的微震事件进行实时监测;三是在井下安装地音监测系统,对采掘工作面地音事件进行实时监测;四是在井下安装应力在线监测系统,对采掘工作面近场围岩集中静载荷及变化进行实时监测;五是在井下安装矿压和顶板离层监测系统,对液压支架工作阻力、顶板离层量等进行实时监测。以此为基础,形成了以全天时、全覆盖、全频段、全要素为特点的井上下联合监测网络,实现了由点、局部、单参量监测至区域多场多参量综合预警转变,有效提高了冲击地压监测预警精度。

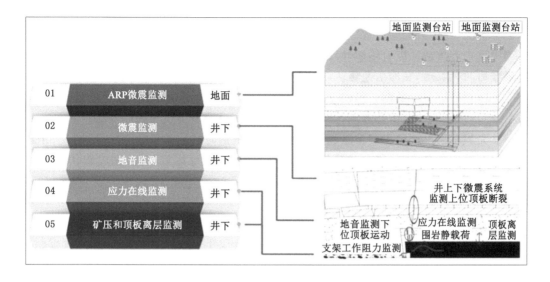

图 3.4.1 井上下联合监测 5 种方法

3.4.2 冲击地压预警要素

根据动静载荷叠加诱发冲击地压机理和冲击启动理论,冲击地压影响因素按载荷来源分为动载荷和静载荷。为深入研究动静载荷叠加诱发冲击地压机理,实现冲击地压超前预警,将动载荷进一步分解为动载荷来源、供给时间两个要素,将静载荷分解为静载荷积聚位置、积聚周期两个要素,并称为冲击预警"四要素"。下面以孟村煤矿中央大巷构造区冲击地压预警为例,对"四要素"展开介绍。

(1)静载荷积聚位置

中央大巷构造区发育有 B2 背斜、DF29 断层和 X1 向斜构造,这三个构造组合形成了一个地应力复杂的复合构造区,该构造区在地质运动形成过程中积聚了大量的弹性能,这种特点是"与生俱来"的。因此,该复合构造区是静载荷主要积聚位置,如图 3.4.2 所示。

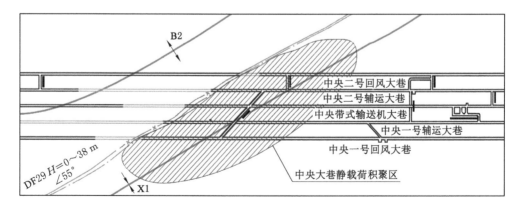

图 3.4.2 中央大巷静载荷积聚区

（2）静载荷积聚周期

正常情况下，中央大巷构造区附近煤岩体中的静载荷处于较高的水平，即所谓的应力集中。当中央大巷构造区煤岩体中静载荷与矿震形成的动载荷叠加之和大于诱发煤岩体冲击的临界载荷时，就会诱发冲击地压。此时煤岩体释放大量能量，造成附近巷道的破坏，同时形成一个短暂的应力降低期。但由于其所受的力源环境（地壳运动力）未改变，随着地应力的重新分布，该区域静载荷会逐渐再次积聚，直至恢复至冲击发生前的冲击临界值。我们将静载荷从完成一次释放过程到重新积聚至冲击临界值的时间称为静载荷积聚周期。由于静载荷积聚至冲击临界值时，稍有动载荷叠加，就会发生冲击地压或矿震，完成静载荷的一次释放过程，因此静载荷积聚周期约等于释放周期。

（3）动载荷来源

监测数据显示，采空区顶板断裂对中央大巷构造区冲击地压的发生起关键作用。研究表明，中央大巷构造区动载荷来源（图3.4.3）主要有以下三个方面：① 采空区顶板断裂；② 采空区顶板活动诱发断层活化，导致断层附近顶板断裂；③ 采空区震源释放的动载荷导致中央大巷高应力区顶板断裂。

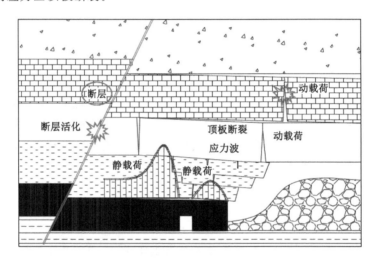

图3.4.3　中央大巷构造区动载荷来源示意图

（4）动载荷供给时间

采煤工作面周期来压期间顶板活动最活跃，为冲击地压的发生提供了大量动载荷。因此，采煤工作面周期来压期间为主要的动载荷供给时间。

3.5　冲击地压防治效果多元监测评估

彬长矿区是国家重点规划的黄陇煤炭基地的主力矿区之一，矿区煤炭资源地质储量8 978.83 Mt，可采储量5 362.09 Mt，主采4煤层平均厚度10.65 m，构造发育、埋藏深、厚度大、具有冲击倾向性，属于复杂地质型煤层。该区辖属的矿井在采掘作业过程中发生过多次严重的冲击地压灾害，严重影响了矿井的安全生产活动，随着采掘活动不断进行，冲击地压问题日趋严重。

对孟村煤矿冲击地压案例分析表明,工作面回采过后煤层上方高位硬厚砂岩顶板大面积悬顶产生的采场集中静载荷和突然断裂产生的强烈动载荷是诱发冲击地压的两个重要因素,如何从根本上消除开采过程中硬厚顶板滞后悬顶与突然断裂诱发严重冲击地压灾害的威胁,已成为当前该区矿井安全生产亟须解决的问题。孟村煤矿防冲采用了多种地面卸压和井下卸压方式,对压裂卸压效果检验与评价则是其中较为关键的环节,本节以孟村煤矿401102工作面为例,采用地面水平井压裂技术进行卸压,通过多参量矿压监测数据对防冲卸压效果进行分析。

3.5.1　基于支架监测数据的覆岩运移分析

对孟村煤矿401102工作面开采过程中支架工作阻力变化特征进行统计分析,发现工作面支架来压呈现"大小周期"显现特征。图3.5.1为401102工作面覆岩结构及其矿压作用特征,分析发现覆岩低位关键层破断对应工作面"小周期"来压显现,覆岩中高位关键层破断对应工作面"大周期"来压显现,工作面来压显现相对较为强烈,支架压力较高,来压步距较大,统计发现工作面前7次"小周期"来压步距在17.6～33.4 m之间,平均来压步距24.0 m,工作面第8次"大周期"来压步距为49.2 m。

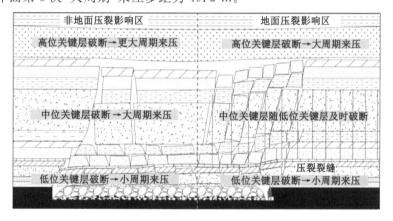

图3.5.1　401102工作面覆岩结构及其矿压作用特征

地面压裂处理层位为安定组底部砂岩,处理的对象主要为中位关键层。进入地面压裂区域后,造成工作面"大小周期"来压的原因是:低位关键层破断造成工作面"小周期"来压显现,高位关键层失稳导致工作面"大周期"来压显现。

3.5.2　基于支架监测的防冲卸压效果对比

基于支架监测数据可以对防冲卸压效果进行评价,统计分析了孟村煤矿未进行卸压措施的401101工作面以及采取了地面压裂等防冲卸压措施的401102工作面初采期间的支架压力监测数据,结果如表3.5.1和表3.5.2所列。

由表3.5.1可知,由于401102工作面采取了卸压措施,来压强度从401101工作面的44.0 MPa降低至41.9 MPa。401102工作面第4次周期来压后进入地面压裂影响区,此后周期来压步距降低至22.5 m,比401101工作面的34.3 m缩短了11.8 m,并且来压影响的工作面支架数量也明显下降。

表 3.5.1　401101 工作面和 401102 工作面见方影响区支架压力监测数据对比

401101 工作面单面见方影响区			401102 工作面单面见方影响区（地面压裂影响区）		
周期来压持续时间/h	周期来压步距/m	周期来压阻力/MPa	周期来压持续时间/h	周期来压步距/m	周期来压阻力/MPa
—	34.3	44.0	28.8	22.5	41.9
注:对比区域未开展地面压裂卸压,开展了两巷煤层大直径钻孔卸压和运输巷底板钻孔卸压			注:对比区域开展了地面压裂卸压、两巷顶板深孔预裂爆破卸压、帮部煤体大直径钻孔卸压、帮部煤体钻孔爆破卸压和底角大直径钻孔卸压		

表 3.5.2　401102 工作面非地面压裂影响区和地面压裂影响区支架压力监测数据对比

401102 工作面非地面压裂影响区			401102 工作面地面压裂影响区		
周期来压持续时间/h	周期来压步距/m	周期来压阻力/MPa	周期来压持续时间/h	周期来压步距/m	周期来压阻力/MPa
51.6	25.8	40.2	28.8	22.5	41.9
注:对比区域均开展了两巷顶板深孔预裂爆破卸压、帮部煤体大直径钻孔卸压、帮部煤体钻孔爆破卸压和底角大直径钻孔卸压					

　　分析认为,由于 401102 工作面的两巷道采取了地面压裂等防冲卸压措施,工作面端头支架压力相对较低,没有明显来压现象,表明顶板超前预裂爆破使煤层上方 25 m 范围内的坚硬顶板产生了破断裂隙,在采动应力作用下,裂隙发展充分,工作面推过后,低位顶板能及时垮落,有效降低了工作面上下端头附近的静载荷集中程度,同时由于顶板断裂步距小,顶板垮落时动载荷较低,动静载荷同步控制降低了冲击风险。

　　由表 3.5.2 可知,401102 工作面非地面压裂影响区的周期来压步距平均为 25.8 m,周期来压持续时间 51.6 h。工作面进入地面压裂影响区至第 8 次大周期来压之前,周期来压步距缩短至 22.5 m,周期来压持续时间缩短至 28.8 h,周期来压阻力变化不大。

　　分析认为,非地面压裂影响区受低位关键层(延安组)控制的煤层上方 30 m 范围内的顶板能够充分垮落,但不足以充填采空区,导致受中位关键层(安定组)控制的 30~100 m 范围内的岩层仍可形成大面积悬顶和周期垮落现象,造成工作面中部呈现周期性来压现象,来压步距平均 24.68 m,动载系数 1.08[图 3.5.2(a)]。

　　401102 工作面进入地面压裂影响区后,压裂裂缝能够贯穿直罗组和安定组下部岩层,使中位关键层无法形成承载结构,受其控制的 30~100 m 范围内岩层也能充分垮落,此时采空区垮落较为充分,距离煤层上方 100 m 以上的高位关键层(宜君组)在下方采空区碎胀岩块的支承作用下缓慢下沉变形,直至发生结构性破断。在高位关键层破断前,工作面液压支架的工作阻力主要来自高位关键层以下破碎岩体自重应力作用下的"给定载荷"状态,在这种状态下,支架表现为压力低、来压不明显的特征;在高位关键层破断后,支架处于"给定变形"状态,支架表现为压力较高、来压明显的特征,由于下方采空区岩石的支承作用,支架工作阻力相对平稳,顶板未产生强烈动载[图 3.5.2(b)]。

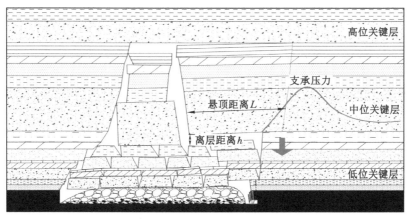

（a）非地面压裂影响区

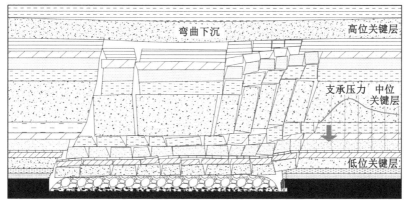

（b）地面压裂影响区

图 3.5.2　401102 工作面采场来压结构示意图

3.5.3　基于微震监测的防冲卸压效果对比

从微震事件空间分布结果可以看出，401101 工作面微震事件大多聚集在靠近煤层中央大巷侧的运输巷呈趋向性分布；401102 工作面微震事件基本均匀分布在工作面前后 120 m 范围内，且倾向上分布也比 401101 工作面分布的均匀，说明采取地面压裂等防冲措施降低了局部应力集中带来的冲击地压风险。

统计了 401101 工作面和 401102 工作面初采期间的微震监测数据，结果如表 3.5.3 和表 3.5.4 所列。由表 3.5.3 可知，401101 工作面微震延米平均能量及频次从高到低依次为：单面见方影响区且非地面压裂影响区＞初次来压影响区且非地面压裂影响区＞非地面压裂影响区且非顶板活动异常区。由表 3.5.4 可知，401102 工作面微震延米平均能量及频次从高到低依次为：初次来压影响区且非地面压裂影响区＞单面见方影响区且地面压裂影响区＞非地面压裂影响区且非顶板活动异常区。

正常情况下，工作面见方期间顶板破断容易形成结构性破断，进而使得微震事件频繁产生，但是通过对比 401101 工作面和 401102 工作面初次来压及见方期间微震事件，发现

表 3.5.3 401101 工作面初采期间微震监测数据统计

工作面位置	总频次/个	总能量/J	延米平均频次/个	延米平均能量/J
0～30 m 及 80～150 m（非地面压裂影响区且非顶板活动异常区）	1 125	6.7×10^6	11	67 000
30～80 m（初次来压影响区且非地面压裂影响区）	783	4.5×10^6	16	90 000
150～220 m（单面见方影响区且非地面压裂影响区）	1 522	6.6×10^6	22	94 286

表 3.5.4 401102 工作面初采期间微震监测数据统计

工作面位置	总频次/个	总能量/J	延米平均频次/个	延米平均能量/J
0～30 m 及 80～150 m（非地面压裂影响区且非顶板活动异常区）	1 857	9.3×10^5	19	9 300
30～80 m（初次来压影响区且非地面压裂影响区）	1 056	7.7×10^5	21	15 400
150～220 m（单面见方影响区且地面压裂影响区）	1 330	8.7×10^5	19	12 429

401102 工作面见方期间（地面压裂影响区）的微震事件减少，可以推断，地面压裂使上覆岩层提前弱化破断，有效避免了因顶板破断产生高能量微震事件，有利于工作面冲击地压防治。

3.5.4 基于地音监测的防冲卸压效果对比

统计分析 401102 工作面初采期间的地音监测数据，如表 3.5.5 所列，可以看出地音延米平均能量及频次从高到低依次为：初次来压影响区且非地面压裂影响区＞单面见方影响区且地面压裂影响区＞非地面压裂影响区且非顶板活动异常区。这可以得出，地面压裂影响区相对于非地面压裂影响区初次来压期间的微破裂活动有所减少。

表 3.5.5 401102 工作面初采期间地音监测数据统计

工作面位置	总频次/个	总能量/J	延米平均频次/个	延米平均能量/J
0～30 m 及 80～150 m（非地面压裂影响区且非顶板活动异常区）	2.3×10^5	6.9×10^7	2 300	6.9×10^5
30～80 m（初次来压影响区且非地面压裂影响区）	2.3×10^5	6.6×10^7	4 600	1.3×10^6
150～220 m（单面见方影响区且地面压裂影响区）	2.4×10^5	8.7×10^7	3 400	1.2×10^6

3.5.5　基于应力监测的防冲卸压效果对比

401102 工作面回采期间,应力的变化幅度小,除个别测点外其余均未超过 8 MPa,表明工作面在回采期间未产生大面积悬顶结构引起的煤体应力集中问题。

3.6　冲击地压预警案例

彬长矿区孟村煤矿通过井上下联合监测预警体系对工作面开采持续监测预警,依据此体系,先后实现了多次成功预警,如 2019 年"6・29"、2019 年"10・27"和 2019 年"12・24"等冲击地压事件,避免了人员伤亡和重大经济损失,为实现冲击地压"零伤害"目标提供了重要支持。

这里展开分析孟村煤矿 401101 工作面的监测预警,分析回采过程中冲击地压发生前兆信息及其演化规律,确定微震监测预警指标,指导冲击地压解危与防范。

3.6.1　微震能量及频次变化

图 3.6.1 为孟村煤矿 401101 工作面回采期间日微震能量及频次变化曲线。从图中可以看出有 1 个明显的微震事件活跃时段,即初次来压期间(6 月 18 日—26 日)。工作面初次来压的日期是 6 月 25 日,但是从 6 月 18 日工作面日微震能量及频次就开始升高,且初次来压并非位于日微震能量及频次的峰值附近,初次来压的强度较低,由此推断来压前日微震能量及频次的升高极有可能是采空区悬顶面积逐渐增大,导致工作面超前区域应力升高,使得微震活跃度升高。由于回采前采取了大量卸压措施,巷道在高能量微震事件作用下,并未发生动力显现。

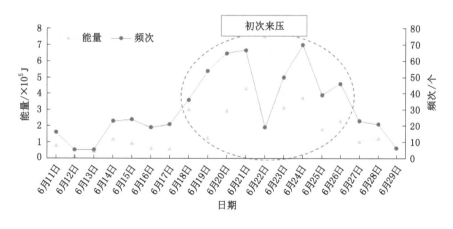

图 3.6.1　孟村煤矿 401101 工作面回采期间日微震能量及频次变化曲线

3.6.2　微震能量释放与推进度的关系

图 3.6.2 为工作面不同推进度条件下的微震能量释放情况,对散点图进行拟合可见,总体上推进度越大,微震能量释放越多,微震能量释放与推进度呈正相关关系。因

此,合理确定推进速度可以控制微震能量释放,继而可以有效降低冲击地压发生的危险。但根据以往冲击地压矿井的经验来看,当推进速度加大时,微震能量释放将呈非线性增长,冲击危险程度大幅升高。

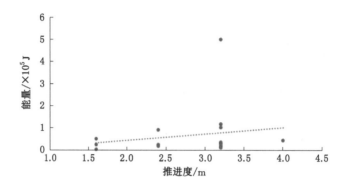

图 3.6.2　工作面不同推进度条件下的微震能量释放情况

因此,为了确保安全生产,建议孟村煤矿 401101 工作面未来推进度小于 4 m,且匀速推进,同时应当根据钻屑法、应力监测法或微震监测法等的监测情况对工作面冲击地压危险程度进行评价,并采取相应的安全措施。

3.6.3　微震活动与采动应力的关系

大量研究表明,煤岩破裂发生在应力差大的区域,因此,煤岩破裂区域总是与高应力差区域相重合,并与高应力集中区域相接近。由此可见,只要监测到煤岩破裂区域,即可找到高应力集中区域和高应力差区域。图 3.6.3 为距工作面不同距离处的微震活动情况,每一次煤岩破裂都会产生一次微震事件和声波,而微震能量、频次等又反映了煤岩受力破坏程度,微震能量、频次越高,则煤岩应力集中程度越大,破坏越严重。因此,可通过监测开采过程中微震能量、频次及发生位置等参数来分析开采导致区域应力场的分布特征。

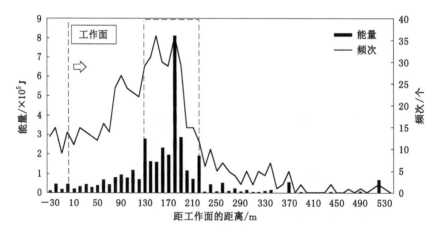

图 3.6.3　距工作面不同距离处的微震活动情况

通过固定工作面的方式,可以推断 401101 工作面超前支承压力的影响范围约为 220 m,由此建议严格落实工作面回采期间超前 250 m 的限员管理,工作面回采期间常规卸压施工位于工作面超前 260～270 m,处于微震活跃区域以外,既保证了施工人员的安全,也保证了卸压措施施工后较短时间内即可进入微震活跃区域,对于降低工作面前微震的活跃程度,从而降低集中动载荷对 401101 巷道的影响,具有较好的效果。当工作面推采至断层或褶曲构造附近时,需要适当加大上述超前支护及卸压施工至工作面的距离。

3.6.4 微震活动揭示覆岩空间破裂形态

401101 工作面为孟村煤矿首采工作面,两侧均为实体煤,倾向长度为 180 m。由图 3.6.4 可知,初采期间 401101 工作面微震事件沿倾向分布差异较大,运输巷侧的微震能量及频次均大于回风巷侧的,由于工作面两侧均为实体煤,说明工作面两侧顶板的硬度差别较大,运输巷侧的顶板硬度及坚硬顶板厚度均大于回风巷侧的。并且注意到,401101 工作面两侧的煤体内微震能量及频次也是运输巷侧高于回风巷侧,说明由于顶板硬度及坚硬顶板的厚度较大,运输巷侧的采空区侧向影响范围大于回风巷侧的。同时发现煤层内的高能量微震事件大多位于工作面中部,巷道附近的微震事件多以低能量事件为主,说明煤层卸压效果较好,增加了围岩内的裂隙分布,释放了巷道近场围岩内的弹性能。

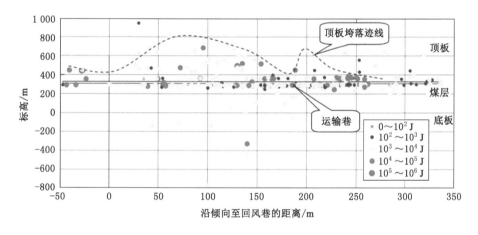

图 3.6.4 微震事件沿倾向分布剖面图

由图 3.6.5 可知,401101 工作面初采期间均是煤层及其底板的微震能量及频次最高,说明由于未采取顶板深孔预裂爆破,顶板并未及时垮落,采空区悬顶产生的应力集中均作用于煤层上,增大了煤层内的冲击危险性。并且注意到,顶板内微震能量集中于层位 368 m,位于煤层顶板以上约 39 m,说明采空区悬顶产生的应力集中主要通过这个层位的顶板进行传递,建议增大顶板深孔预裂爆破的垂高,覆盖这个范围。

由图 3.6.6 可知,工作面附近顶板微震事件较少,并且多以低能量微震事件为主,说明随着工作面推采,坚硬顶板不能及时垮落。并且注意到,随着至开切眼距离的增大,顶板内微震事件发育高度呈先增高后降低的变化趋势。

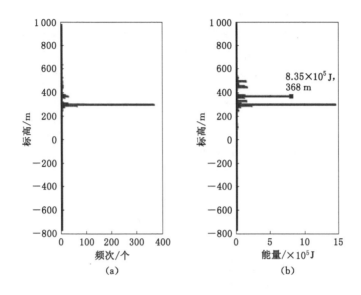

图 3.6.5　各层位微震能量及频次分布

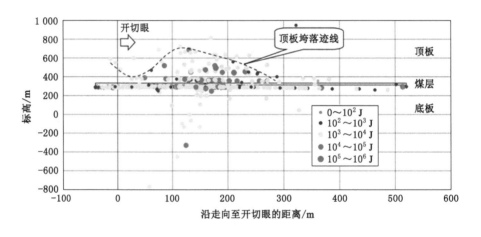

图 3.6.6　微震事件沿走向分布剖面图

3.6.5　微震能量及频次沿倾向分布规律

　　401101 工作面两侧均为实体煤,图 3.6.7 为微震能量及频次沿倾向的分布情况。由图可知,整个 401101 工作面微震能量及频次沿倾向呈近抛物线形分布,距离运输巷越远则微震能量及频次越低,其中 401101 运输巷的围岩微震总能量约为 401101 回风巷的 8 倍,总频次约为 401101 运输巷的 7 倍,说明工作面两侧顶板硬度及坚硬顶板厚度的差异导致两侧的冲击危险性差别较大,运输巷侧的冲击危险性大于回风巷侧的。同时,注意到微震能量及频次的峰值位于运输巷一侧的煤柱内,表明初采期间采空区侧向影响程度大于超前影响程度,这是由于此时采空区宽度大于推采距离,由此推断随着工作面推采,采空区超前影响程度将不断增大,微震能量及频次峰值逐渐向工作面内迁移。

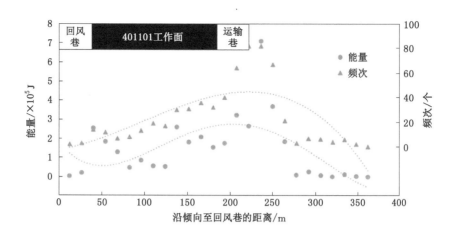

图 3.6.7 微震能量及频次沿倾向的分布情况

3.6.6 工作面回采过程中冲击危险性分析

统计 401101 工作面每推进 5 m 时的微震能量,并结合前文冲击地压危险的微震监测预警指标对工作面回采期间的冲击危险性进行分析,如图 3.6.8 所示。由图可知,由于 401101 工作面是首采工作面并且回采前采取了大量卸压措施,工作面开始回采时无或弱冲击危险,但当到了初次来压前一周,微震事件的活跃性突然增大,工作面冲击危险性大幅升高,达到了中等冲击危险。由此推断,未来随着工作面推采,本工作面采空区面积不断增大,相应的顶板活动性增强,工作面超前支承压力的影响越来越显著,建议 401101 工作面回采期间必须保证煤层常规卸压的严格落实,以应对未来随着采空区面积增大可能不断升高的冲击危险性。

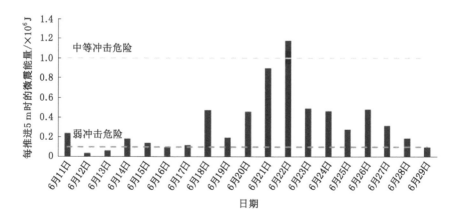

图 3.6.8 401101 工作面回采期间的冲击危险性

4 彬长矿区井上下协同卸压技术体系

　　为取得冲击地压防治的最佳效果,对冲击地压的防治应该全盘考虑,将减小或避免煤体应力集中的思想贯穿于开采设计、开拓准备、掘进回采的全过程,因此,冲击地压防治是一项系统工程。彬长矿区孟村煤矿井上下立体防治冲击地压[156-157]新模式采用以地面区域性压裂为主、以井下局部治理为辅的立体防控技术,突破了防治冲击地压的传统技术壁垒,丰富了技术手段。井上下协同卸压技术主要分为地面卸压技术和井下卸压技术。彬长矿区孟村煤矿井上下协同卸压技术及示意图如图4.1、图4.2所示。

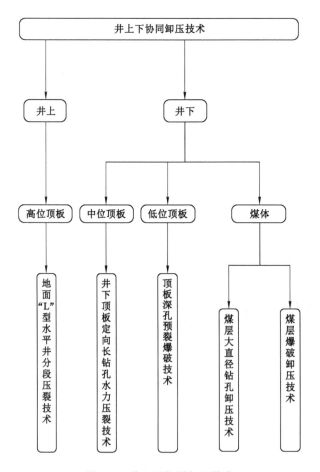

图 4.1　井上下协同卸压技术

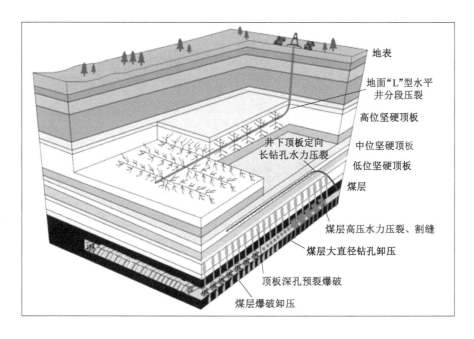

图 4.2　井上下协同卸压示意图

4.1　地面"L"型水平井分段压裂技术

4.1.1　地面"L"型水平井分段压裂技术原理

煤矿顶板地面压裂技术主要目的是控制工作面的动压灾害显现,压裂目标层为造成工作面动压灾害显现的厚硬顶板。该技术对裂缝扩展要求相对较低,以达到弱化压裂目标层强度、改变其破断结构、实现应力释放为目的。地面压裂后,可有效释放岩层应力、弱化岩石强度、改变高位岩层结构及其动压作用,实现动压灾害的有效预防。

采用地面水平井压裂厚硬顶板时,压裂井水平段的布置方式有平行于工作面和垂直于工作面两种布置方式。经研究表明,地应力的分布条件不同,及井筒的布置方位不同,都会影响裂缝面的扩展形态,在采用地面水平井压裂技术控制厚硬顶板带来的工作面强矿压时,根据地应力分布条件,变换井筒水平段的布置方式,可以在压裂目标层内形成竖直裂缝面或水平裂缝面,竖直裂缝面可将厚硬顶板切割成两段或多段,水平裂缝面则可将厚硬顶板分成两层或多层,如图 4.1.1 所示,两种裂缝面形态都可有效降低厚硬顶板的完整性,减小来压步距。

下面以地面压裂水平裂缝面为例,对厚硬顶板破断的影响做分析研究。假定厚硬顶板高 h、长 l,q_0 为厚硬顶板载荷。厚硬顶板初次垮落时,根据砌体梁结构模型,将厚硬顶板按固支梁计算,顶板岩梁任一点的正应力 σ 为:

$$\sigma = \frac{12My}{h^3} \tag{4.1.1}$$

式中　M——该点所在断面的弯矩;

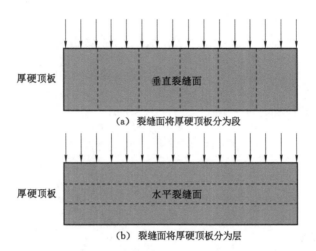

（a）裂缝面将厚硬顶板分为段

（b）裂缝面将厚硬顶板分为层

图 4.1.1 不同状态裂缝压裂后厚硬顶板的不同赋存状态

y——该点距断面中性轴的距离。

固支梁两端的最大弯矩 M_{max} 和最大拉应力 σ_{max} 如下：

$$M_{max} = -\frac{q_0 l^2}{12} \tag{4.1.2}$$

$$\sigma_{max} = \frac{q_0 l^2}{2h^2} \tag{4.1.3}$$

拉应力达到岩层极限抗拉强度 σ_t，岩层将发生拉伸性的破坏，可得到厚硬岩层的极限垮落步距 l_{max}：

$$l_{max} = h\sqrt{\frac{2\sigma_t}{q_0}} \tag{4.1.4}$$

将图 4.1.1(b) 进行简化处理，简化后认为水平裂缝表面整体光滑，假设水平裂缝面将厚硬顶板分为 h_1 和 h_2 两部分，如图 4.1.2 所示，当顶板被水平裂缝切割时，上层的同步破碎载荷为 $(q_2)_1$，下层的同步破碎载荷为 $(q_1)_1$，当满足 $(q_2)_1 > (q_1)_1$，$h/2 \leqslant h_1 < h$ 时，h_1 断裂时的极限垮落步距 l_1 为：

$$l_1 = h_1\sqrt{2\sigma_t/(\gamma h_1)} \tag{4.1.5}$$

式中　γ——容重。

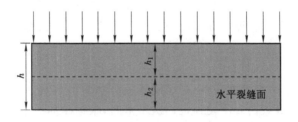

图 4.1.2 厚硬顶板水平裂缝面赋存

根据 $h/2 \leqslant h_1 < h$ 可知，$l_1 < l_{max}$ 成立，也就是低层位岩层的垮落步距总小于厚硬顶板垮

落步距。上位岩层的断裂要晚于下位岩层的断裂,同样,上位岩层垮落步距小于 $l_{\max}$,可以看出,顶板被裂缝切割成的上下两层同步破断运移时,厚硬顶板的垮落步距总是小于水力压裂前的,厚硬顶板垮落步距的减小,避免了大步距垮落导致的工作面强矿压显现。

针对传统煤层压裂方法的缺点,结合国内外对压裂方法的认识与实践,认为采用目标煤层顶板地面水平井分段压裂技术是解决冲击地压的有效方法,即把煤层顶板作为目标岩层,通过在目标岩层中实施水平井,并在水平井井壁上均匀射孔后对煤层顶板进行压裂,在目标岩层中形成贯通的网状裂缝,如图 4.1.3 所示。

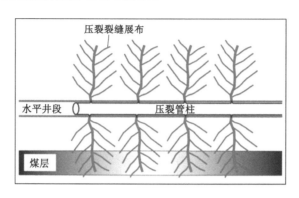

图 4.1.3　煤层顶板水平井压裂技术原理

水平井压裂可实现对目标岩层的压裂卸压,改善煤层顶板的应力环境,在采掘前实现工作面范围内上覆坚硬顶板的整体弱化改造,大幅降低冲击地压致灾风险[158-162]。

4.1.2　地面"L"型水平井分段压裂技术应用

以彬长矿区孟村煤矿 401102 工作面为例,在工作面回采过程中,顶板微震事件主要分布在煤层上方 20～70 m 之间,结合 401101 工作面岩层走向剖面图内显示的岩性分布情况,该范围内的复合厚层砂岩(平均距离煤层上方 65 m,平均厚度 20 m)属于钙质胶结的难垮岩层,完整性好,强度较大,在工作面回采后难以及时垮落,突然断裂时将产生强烈的动载扰动,对冲击地压的发生具有较大影响。传统的冲击地压顶板卸压采用井下深孔爆破、水力压裂等方式,设备能力有限,其装备及工艺只能实现低位顶板的局部破断,无法解决高位顶板大范围高应力集中的问题。而地面水平井分段压裂技术,所用设备均在地面,设备数量、型号、功率、尺寸均不受限制,可以对高位顶板进行区域压裂,从而进行大范围改性卸压。

为最大程度降低冲击危险,实现冲击地压的超前、源头治理,彬长矿区孟村煤矿采取了地面"L"型水平井分段压裂技术。地面"L"型水平井分段压裂技术利用"LWD 随钻测量系统＋螺杆钻具＋综合录井"配套组合实施大直径定向及导向钻井,采用泵送桥塞分簇射孔联作压裂工艺对目标岩层进行分段压裂,利用地面微震、井下微震、地音等监测手段对压裂期间人工裂缝的延伸范围及井下围岩的扰动情况进行实时监测。水平井井身结构设计图如图 4.1.4 所示。

采用地面微震裂缝监测、井下微震监测、地音监测及井下水量监测等多种监测方法对401102 工作面地面压裂期间压裂效果进行评估,评估压裂期间破岩效果及施工影响程度。压裂期间地面微震、井下微震情况如图 4.1.5、图 4.1.6 所示,其中地面微震系统累计开展

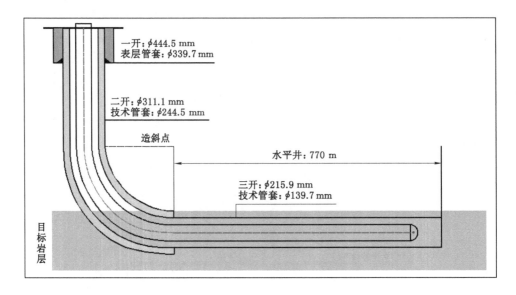

图 4.1.4 水平井井身结构设计图

进行了 31 段监测,单段缝长 81～340 m,平均缝长 268 m;带宽42～203 m,平均带宽80 m;
缝高 37～59 m,平均缝高 50 m。根据监测结果分析,裂缝扩展达到了预期的压裂效果。

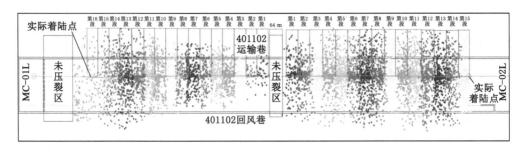

图 4.1.5 地面微震系统监测的裂缝扩展结果

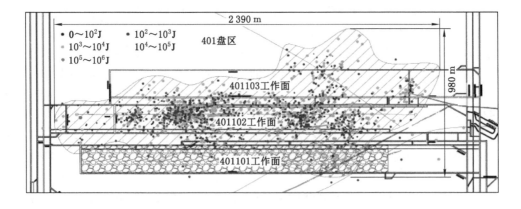

图 4.1.6 井下微震系统监测的微震分布结果

4.2 井下顶板定向长钻孔水力压裂技术

4.2.1 井下顶板定向长钻孔水力压裂技术原理

根据孟村煤矿的冲击特点,采用区域卸压技术——井下顶板定向长钻孔水力压裂技术。该技术主要是通过对煤层顶板实施定向长钻孔水力压裂,使巨厚顶板逐层垮落,形成连续有效支撑,对岩体结构及力学特性进行物理和化学改造,降低顶板岩石整体强度,有效降低巷道围岩内部应力。

水力压裂是利用特殊的开槽钻头人为在顶板中形成切槽,注入高压水,利用高压水在切槽端部产生的拉应力使顶板岩层定向分层,从而减轻顶板来压强度[163]。

长钻孔分段水力压裂技术可在同一钻孔中形成多个压裂段,促使岩层形成新的压裂主裂缝,裂缝在大量压裂液注入的情况下不断向外延伸,在岩层节理或裂缝位置不断扩展,衍生多级次生裂缝,进而形成裂缝网络系统[149]。分段水力压裂控制原理如图 4.2.1 所示。

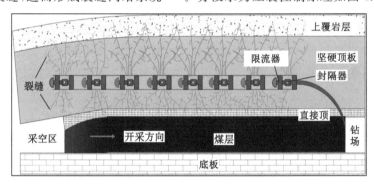

图 4.2.1 分段水力压裂控制原理

采用井下顶板定向长钻孔水力压裂技术对危险区域解危时,施工人员可处于安全区域,从井下打钻至煤层上方目标岩层,即靶向位置,随后开展大范围压裂,通过压裂降低坚硬岩层的强度和完整性,能量传递由硬传递变为软传递,可以消耗能量传播,降低应力集中水平,从而降低冲击危险[150,164-168]。

4.2.2 井下顶板定向长钻孔水力压裂技术应用

孟村煤矿中央大巷附近赋存有 DF29 大断层,其延展长度约 3 km,较大的褶曲构造为 B2 背斜、X1 向斜。受井田大型褶曲和断层等构造以及坚硬顶板的叠加影响,作为矿井主要运输及通风枢纽的 5 条中央大巷围岩内集中静载荷分布及应力演化规律异常复杂,在掘进及服务期间多次发生冲击地压,严重影响了矿井的正常生产,造成了巨大的经济损失。为能够快速弱化坚硬顶板岩层,释放坚硬顶板岩层积聚的弹性能,削弱周边采空区活动对中央大巷的影响,采用井下顶板定向长钻孔水力压裂技术在中央大巷上部人工制造"解放层",以实现大范围区域载荷水平的有效降低,进而达到中央大巷冲击地压"源头"防治的目的。

设计在中央胶带运输大巷 596 m 里程附近施工专用钻场、压裂区,卸压方案设计布置

5个钻孔,其中1#孔、2#孔、3#孔、4#孔终孔位置在大巷区段煤柱上方,孔间距约40 m,5#孔位于大巷保护煤柱上方,与4#孔间距约70 m。钻孔布置图如图4.2.2所示。

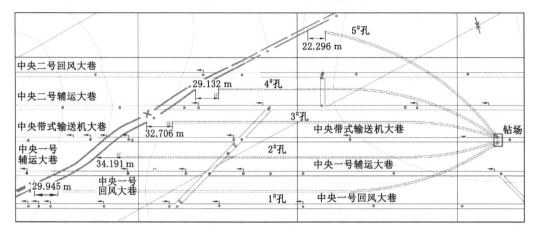

图 4.2.2　钻孔布置图

压裂过程中初始裂缝起裂后水压会有所下降,继而进入保压阶段,在这个阶段,裂缝扩展的同时伴随着新裂缝的产生,利用电磁流量计监测水流量及注入的水量,保证顶板岩层充分破裂软化。压裂过程中观测邻近长钻孔及周围顶板出水情况,压裂时间一般不少于30 min。

数据分析表明,井下顶板定向长钻孔水力压裂技术对中央大巷构造区卸压效果显著,大幅降低了冲击危险,达到了预期目的。通过对中央大巷构造区实施区域水力压裂措施后,大巷构造区冲击危险性持续降低,表现为微震活动呈现"低频低能"状态,避免较高程度的应力集中,从而降低诱发冲击启动的载荷源。中央大巷压裂前后微震频次、能量变化趋势如图4.2.3所示。

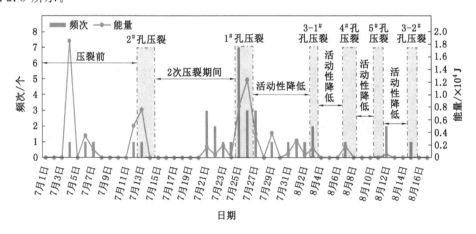

图 4.2.3　中央大巷压裂前后微震频次、能量变化趋势

通过对比压裂前后微震活动变化情况来评价压裂效果,选取压裂前50 d和压裂后50 d微震数据进行对比分析,压裂前、后各50 d微震事件分布情况如图4.2.4所示,可以看出在

压裂后微震活动明显减少,尤其是能量释放处在较低水平,经历多次压裂后,中央大巷顶板围岩活动呈现明显的逐渐减少的趋势。

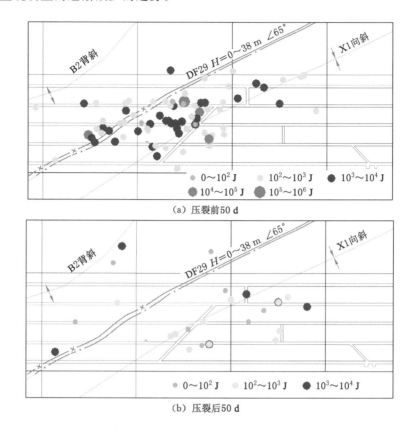

(a) 压裂前50 d

(b) 压裂后50 d

图 4.2.4　压裂前、后各 50 d 微震事件分布情况

4.3　顶板深孔预裂爆破技术

4.3.1　顶板深孔预裂爆破技术原理

建立的集中动载荷型冲击地压发生模型如图 4.3.1 所示。冲击地压在工作面煤壁侧发生,冲击启动受煤帮应力集中和采场上覆坚硬顶板垮断同时影响。工作面煤壁极限平衡区因上覆顶板悬顶造成应力高度集中,储存弹性能量最大,最容易满足失稳破坏条件,也是对外界动载荷响应最灵敏的区域,但是外界动载荷必须以该区域静载荷集中度为基础,对其进行扰动或加载才能完成冲击启动。图 4.3.1 所示的因采场坚硬顶板断裂而传递的动载荷能量 E_d 可由式(4.3.1)计算得出。

$$E_d = E_{d0} R^{-\eta} \tag{4.3.1}$$

式中　E_d——顶板断裂时传递至煤壁极限平衡区的动载荷能量;

　　　E_{d0}——顶板断裂时释放的初始能量,可由微震监测得出;

　　　R——顶板断裂位置与煤壁极限平衡区的距离,可由微震定位计算得出;

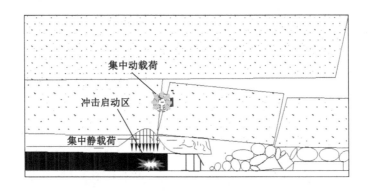

图 4.3.1　集中动载荷型冲击地压发生模型

η——煤岩介质中弹性能传播时的能量衰减指数。

由此,得到工作面煤壁极限平衡区,冲击地压启动的能量条件为极限平衡区积聚的弹性应变能加上顶板断裂时传递来的动载荷能量大于该区煤岩破坏所需要的最小能量。

顶板深孔预裂爆破技术首先能够降低顶板释放的集中动载荷强度,并且通过将顶板强度弱化来降低四周采空区悬顶导致的工作面范围内的集中静载荷强度。

4.3.2　顶板深孔预裂爆破技术应用

以孟村煤矿 401102 工作面为例,采用顶板深孔预裂爆破技术,选择顶板集中动载荷源预裂爆破弱化方案,以削弱或切断工作面侧向及后方采空区顶板对巷道围岩动载荷影响。

参照终采线附近 M2-1 钻孔岩性分析表(表 4.3.1),发现在 401102 工作面末采区域的煤层上方赋存有厚约 40 m 的砂岩组顶板,且距离煤层较近,其悬顶和断裂均会对工作面及巷道带来显著影响。考虑预裂效果,本方案设计预裂层位为 401102 工作面煤层上方 30 m 范围砂岩顶板。

表 4.3.1　M2-1 钻孔岩性分析表

序号	岩性	分层厚度/m	累计厚度/m	覆岩高度/m
1	粗粒砂岩	7.00	578.49	115.12
2	中粒砂岩	8.66	587.15	108.12
3	粗粒砂岩	2.14	589.29	99.46
4	细粒砂岩	10.69	599.98	97.32
5	中粒砂岩	10.00	609.98	86.63
6	砂质泥岩	2.41	612.39	76.63

表 4.3.1(续)

序号	岩性	分层厚度/m	累计厚度/m	覆岩高度/m
7	细粒砂岩	4.63	617.02	74.22
8	砂质泥岩	13.18	630.20	69.59
9	细粒砂岩	1.02	631.22	56.41
10	中粒砂岩	1.11	632.33	55.39
11	细粒砂岩	4.26	636.59	54.28
12	泥岩	6.98	643.57	50.02
13	粗粒砂岩	6.76	650.33	43.04
14	细粒砂岩	14.51	664.84	36.28
15	粗粒砂岩	20.52	685.36	21.77
16	泥岩	1.25	686.61	1.25
17	4 煤层	23.39	710.00	0

表 4.3.2 及图 4.3.2 为 401102 回风巷顶板预裂爆破孔参数设计表及布置示意图。每组设计 2 个倾向孔及 1 个走向孔,形成交叉扇形布置方式,排距 8 m,其中工作面侧倾向孔处理工作面后方顶板,煤柱侧走向孔处理侧向采空区顶板。采用 ϕ68 mm 被筒炸药,每卷炸药长度 475 mm,每卷质量 1.6 kg,单孔装药量 91.2 kg,一次起爆要求不超过 200 kg,躲炮距离不小于 300 m,躲炮时间不小于 30 min。需要根据现场顶板实际情况、施工后顶板垮落效果和卸压效果,对顶板预裂爆破孔参数进行优化,以保证顶板预裂爆破效果。现场施工过程中,实际开孔位置可根据现场顶板完整情况、管路敷设、设备布置等做适当调整,开孔位置允许误差不超过 1.0 m。

表 4.3.2　401102 回风巷顶板预裂爆破孔参数设计表

钻孔位置	钻孔号	孔深/m	倾角/(°)	方位角/(°)	孔径/mm	间距/m	装药长度/m	装药量/kg	封孔长度/m	备注
倾向孔	1#	47	75	0	75	8	27	91.2	20	超前工作面 300 m 以外施工
	2#	47	65	0	75	8	27	91.2	20	
走向孔	3#	47	65	90	75	8	27	91.2	20	

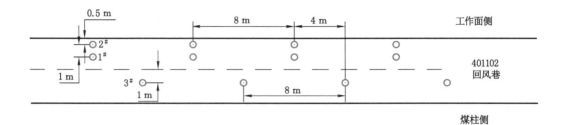

（a）平面图

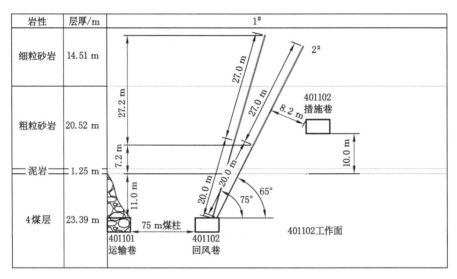

（b）倾向孔剖面图

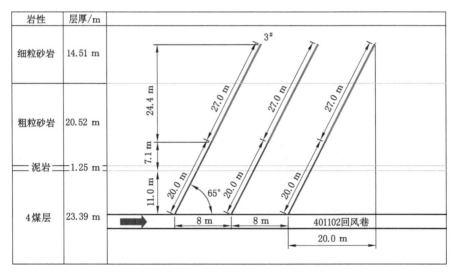

（c）走向孔剖面图

图 4.3.2 401102 回风巷顶板预裂爆破孔布置示意图

4.4 煤层大直径钻孔卸压技术

4.4.1 煤层大直径钻孔卸压技术原理

钻孔卸压的解危策略是通过对煤岩体进行钻孔以达到减缓或者消除冲击地压的目的。钻孔卸压中会受到煤矿应力条件的影响,从能量理论来看,当钻孔接近高应力区域时,煤岩体本身的能量也会逐渐增强,除此之外,煤岩体强度也与钻孔的频次相关。整个煤岩体会因钻孔而出现破裂以及软化情况[169-172]。

关于大直径钻孔防治冲击地压的卸压原理的研究较多,可总结为如下三个方面。

(1) 调节应力分布

大直径钻孔施工后,钻孔周边围岩受集中应力影响发生破坏,应力峰值随之向外转移,当某个位置内的支承力与破坏区的压力相平衡时,应力峰值便不再向外移动。此时,钻孔围岩各应力区域相对稳定,而在钻孔塑性区和破裂区,围岩内应力呈降低状态,从而起到卸压作用。

(2) 能量耗散

根据能量耗散理论,煤岩体在外力作用下发生的变形破坏其实是内部存储的弹性能量在耗散过程中的一种失稳现象。煤岩体内施工的大直径钻孔及孔壁围岩的破坏活动都会耗散其中的弹性应变能。在应力环境不变的情况下,大直径钻孔耗散煤岩体内的弹性应变能越多,整个围岩系统中的残余弹性应变能就越少。依据冲击地压启动理论,当冲击地压发生的冲击能量大幅降低时,冲击地压发生的危险性就很小。

(3) 降低煤岩体冲击危险性

随着煤岩体内施工多个大直径钻孔,每个钻孔围岩的破裂变形使得钻孔周边产生一定范围的塑性破坏区,煤体力学性质的变化也使得冲击危险性发生变化。相对于钻孔卸压前的煤岩体的脆性破坏,钻孔周边的煤岩体具有了一定的压缩变形性能,呈明显"塑化"状态。多组大直径钻孔使得煤岩体整体结构发生改变,导致强度下降,而"塑化"的煤体积聚弹性应变能的能力也大幅下降,而以塑性变形方式消耗弹性应变能的能力增加,使得煤的冲击倾向性大幅减弱,甚至完全失去冲击能力。

4.4.2 煤层大直径钻孔卸压技术应用

煤层大直径钻孔卸压技术作为防治冲击地压的一种技术,是指在煤岩体应力集中区域或可能的应力集中区域施工大直径钻孔,通过排出钻孔周围破坏区煤体变形或钻孔冲击所产生的大量煤粉,使钻孔周围煤体破坏区扩大,从而使钻孔周围一定区域范围内煤岩体的应力集中程度下降或者高应力转移到煤岩体的深处,实现对局部煤岩体进行解危的目的。

以孟村煤矿 401103 工作面为例,在划定的冲击危险区回采时,在其回风巷帮部施工大直径钻孔进行卸压,卸压效果及效率不理想时,需根据现场实际情况,对帮部大直径钻孔参数进行优化。

(1) 钻孔参数设计表及布置示意图(表 4.4.1、图 4.4.1)

表 4.4.1　回风巷帮部大直径钻孔参数设计表

施工位置	孔深/m	倾角/(°)	方位角/(°)	孔直径/mm	孔间距/m	布置方式	封孔长度/m
正帮	25	0～3	0	153	1 或 2	单排	3
副帮	25	0～3	180	153	1 或 2	单排	3

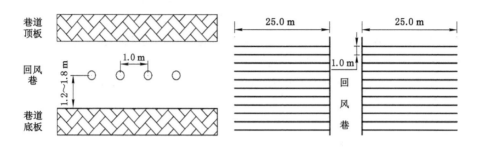

图 4.4.1　回风巷帮部大直径钻孔布置示意图(强冲击危险区域)

（2）具体方法

在 401103 回风巷两帮由里向外连续施工帮部大直径钻孔,单排布置,孔深 25 m,钻孔倾角 0°～3°,孔直径 153 mm,钻孔距巷道底板 1.2～1.8 m,在强冲击危险区域孔间距 1 m,在中等冲击危险区域孔间距 2 m,封孔长度 3 m,封孔材料全部为水泥砂浆或里侧 2.5 m 封孔柱、外侧 0.5 m 水泥砂浆,帮部卸压超前工作面不小于 300 m。

4.5　煤层爆破卸压技术

4.5.1　煤层爆破卸压技术原理

工作面采掘过程中,煤岩体的开挖会破坏其原有的应力平衡状态,导致工作面局部区域出现应力异常集中的情况,从而容易诱发冲击地压。煤层爆破卸压技术就是利用爆破的方法降低围岩应力集中程度,来达到卸压或解危的目的。其防冲作用原理[173]:通过煤体爆破局部解除冲击地压发生的强度和能量条件,从而弱化煤层,同时应力峰值区向深部转移,降低了应力集中程度。另外,当监测到有冲击危险时,采取爆破解危措施释放大量的弹性应变能,使冲击显现发生在一定的时间和地点,达到人为诱发冲击地压的目的[174],从而避免更大的损害。

巷道开挖后围岩的能量要进行重新分布,围岩发生的变形、破坏等力学效应可以看作是原来积聚在岩体中的弹性应变能释放做功的结果,其能量平衡方程:

$$w_c + w_d + w_f = f \tag{4.5.1}$$

式中　w_c——围岩中开挖巷道时围岩重新积聚的弹性应变能;

　　　w_d——岩体的变形及破坏等各种形式所吸收的弹性应变能;

　　　w_f——支护结构吸收的弹性应变能;

　　　f——常数。

由式(4.5.1)可知,为了保证巷道围岩的稳定,应保证 w_c 不超过围岩允许限度,即 f 为常数时为使 w_c 达到较小值,必然要增大 w_d 和 w_f 值。增大 w_f 是指增大支护强度,增加支护成本;增大 w_d 是指在一定的范围内加大围岩的变形和破坏,同时还要保证围岩的稳定。爆破卸压的原理就是在围岩深部形成一些破碎、裂隙区域,以增大 w_d,并在卸压区内进行合理支护提高 w_f,以达到 w_c 最小的目的。

炸药在煤岩体中爆炸时,以爆炸点为中心顺次向外呈现出 3 个不同的影响区域,即压碎区、裂隙区和震动区[174],炸药爆炸后煤岩体内的破坏区域示意图如图 4.5.1 所示。

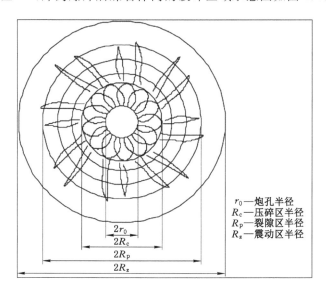

r_0——炮孔半径
R_c——压碎区半径
R_p——裂隙区半径
R_z——震动区半径

图 4.5.1　炸药爆炸后煤岩体内的破坏区域示意图

(1)压碎区:炸药爆炸直接作用于周围煤岩体,煤岩体被压碎并产生塑性变形,形成一系列与径向呈固定角度的滑移面,煤岩结构完全被破坏。压碎区处于三向高应力作用下,大多数煤岩体可压缩性很差,一般压碎区直径为 3~7 倍的装药直径。

(2)裂隙区:在爆破瞬间形成压碎区,爆炸能转换为应力波后,应力波向周围传播,在径向、切向方向分别产生压应力和拉应力,当径向反向拉应力和切向拉应力超出抗拉强度时,形成辐射状径向裂隙及环状切向裂隙,与原煤岩体剪切裂隙相交便形成裂隙区。爆破产生的震动波在煤岩体中衰减较慢,裂隙区影响范围通常为 120~150 倍的装药直径。裂隙区为爆破所要控制的主要区域。

(3)震动区:在破坏区以外的煤岩体中,剩余的爆炸能只能形成以地震波形式向外传播的质点震动,煤岩体并不发生破坏。

4.5.2　煤层爆破卸压技术应用

当现场无法满足大直径钻孔施工条件时可采用爆破卸压代替。以孟村煤矿 401103 工作面为例,在其回风巷和运输巷帮部施工爆破钻孔进行卸压,卸压效果及效率不理想时,需根据现场实际情况,对帮部爆破钻孔参数进行优化。

(1)401103 回风巷帮部爆破卸压

① 钻孔参数设计表及布置示意图(表 4.5.1、图 4.5.2)

表 4.5.1　回风巷帮部爆破钻孔参数设计表

施工位置	孔深/m	倾角/(°)	方位角/(°)	孔直径/mm	孔间距/m	装药量/kg	封孔长度/m
正帮	11	0~5	0	42	4 或 5	5	5.5
副帮	11	0~5	180	42	4 或 5	5	5.5

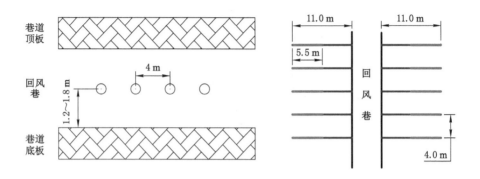

图 4.5.2　回风巷帮部爆破钻孔布置示意图(强冲击危险区域)

② 具体方法

在 401103 回风巷两帮由里向外连续进行帮部爆破,爆破钻孔单排布置,开孔高度距离巷道底板 1.2~1.8 m,孔深 11 m,倾角 0°~5°,孔直径 42 mm,在强冲击危险区域孔间距 4 m、在中等冲击危险区域孔间距 5 m,装药量 5 kg,封孔长度 5.5 m,还应避开已施工的抽采钻孔及卸压钻孔。

使用孔内并联连线正向装药,采用双数码电子雷管＋起爆器连接起爆,$\phi 32$ mm×220 mm×200 g 乳化炸药,"水炮泥＋黄泥"或"水炮泥＋封孔剂"封孔,封全孔,水炮泥 400 mm,要求超前工作面不小于 300 m。起爆间隔时间 30 min,单次爆破炮孔数目不得超过 4 个,或一次起爆药量不超过 20 kg。要求躲炮距离不小于 300 m,躲炮时间不少于 30 min。封孔剂使用前,先将其浸入水中 60 s 左右,待水中不冒气泡后,方可取出封孔。

(2) 401103 工作面运输巷帮部爆破卸压

① 钻孔参数设计表及布置示意图(表 4.5.2、图 4.5.3)

表 4.5.2　运输巷帮部爆破钻孔参数设计表

施工位置	孔深/m	方位角/(°)	倾角/(°)	孔径/mm	孔间距/m	装药量/kg	封孔长度/m
正帮	11.0	180	0~5	42	4 或 5	5	5.5
副帮	15.5	0	0~5	42	4 或 5	5	10.0

② 具体方法

在 401103 运输巷两帮由里向外连续进行帮部爆破,爆破钻孔单排布置,开孔高度距离巷道底板 1.2~1.8 m,正帮(回采侧)孔深 11.0 m、副帮(煤柱侧)孔深 15.5 m,倾角 0°~5°,

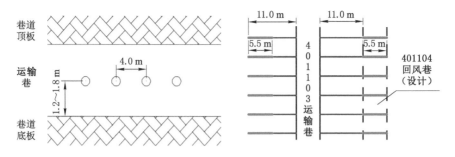

图 4.5.3　运输巷帮部爆破钻孔布置示意图(强冲击危险区域)

孔直径 42 mm,在强冲击危险区域孔间距 4 m、在中等冲击危险区域孔间距 5 m,装药量 5 kg,正帮(回采侧)封孔长度 5.5 m、副帮(煤柱侧)封孔长度 10.0 m。

使用孔内并联连线正向装药,采用双数码电子雷管＋起爆器连接起爆,ϕ32 mm× 220 mm×200 g 乳化炸药,"水炮泥＋黄泥"或"水炮泥＋封孔剂"封孔,封全孔,水炮泥 400 mm,要求超前工作面不小于 300 m。起爆间隔时间 30 min,每次爆破不得超过 4 个孔。要求躲炮距离不小于 300 m,躲炮时间不少于 30 min。

4.6　水射流旋切技术

4.6.1　水射流破岩原理

水射流是以水为能量载体,通过液体增压装置和特定喷嘴,将电机机械能转化为水的动能,而形成的高压射流。高压水射流到达岩石表面时首先会产生水锤压力,使岩石破碎,产生剪切裂缝。同时,抗拉强度较低的岩体在拉应力作用下产生大量拉裂缝。此后,由于滞止压力的持续作用,岩石进一步破碎剥落,形成冲蚀坑。水射流在冲击破碎岩石材料的过程中具有高效、清洁、低热和低振动等特点。

钻孔周围煤体进行水射流切缝时,由于受到水射流的动力冲击作用,会在缝槽周围产生相当数量的新生裂缝,并在准静压作用下促进原有节理、裂缝等软弱面的开裂和微扩展,当煤体内存在大量微裂缝并相互贯通时,其性质将发生明显改变,形成煤体损伤破坏区,从而进一步增加水射流切缝卸压范围,提高煤层透气性,如图 4.6.1 所示。

水射流的破煤原理主要分为以下三个方面。

(1)剪切破煤

水射流冲击接触煤体瞬间,煤体径向应力和切向应力均为受压状态,采用莫尔-库仑准则对煤体单元进行强度判断,认为煤体的破坏主要是剪切破坏。煤体的强度符合平面中的剪切强度准则:

$$|\tau| = \sigma \cdot \tan \varphi + c \tag{4.6.1}$$

式中　c——煤体内聚力;

　　　φ——煤体内摩擦角;

　　　τ——煤体剪切面上的剪应力;

　　　σ——煤体剪切面上的正应力。

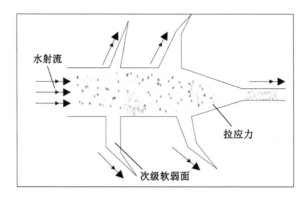

图 4.6.1　煤体内部损伤破坏区

（2）拉伸破煤

如上所述，水射流冲击煤体时，在冲击接触区边界周围会产生拉应力，当拉应力 $\sigma_{\max}$ 超过煤体抗拉强度 σ_t 时，煤体被拉伸破裂，即：

$$\sigma_{\max} \geqslant \sigma_t \tag{4.6.2}$$

在水射流冲击应力的作用下，特别是当作用应力超过煤体的强度时，会产生水楔作用，水的部分能量以应力波的形式在煤体中传播，不断渗入煤体内的微孔隙中，流体与煤体内部的孔隙流体之间存在一个压力差，使裂缝在拉应力作用下不断扩展，并逐渐相互贯通，造成煤体破碎。

（3）内部损伤破煤

煤是具有大量微裂缝的多孔隙结构体，在水射流的动态冲击下，这些微裂缝已经发生了扩展，在水射流的准静压作用下会发生二次扩展。为了确定微裂缝扩展所需的临界应力，以及在此应力作用下微裂缝的扩展长度，将微裂缝看作是处于单向拉应力状态，得到水射流准静压作用下微裂缝扩展的临界应力 σ_c 为：

$$\sigma_c = \sqrt{\frac{\pi}{4a_0}}\, K_{IC} \tag{4.6.3}$$

式中　a_0——初始微裂缝半径；

　　　K_{IC}——煤体断裂因子的临界值。

当应力大于或等于临界应力时，微裂缝发生扩展，煤体进入非线性损伤阶段，当损伤发展到一定程度，裂缝不会在整个裂缝尖端都发生损伤，而是局部损伤并向前扩展。如果水射流冲击煤体后，微裂缝满足拉伸条件下微裂缝扩展临界条件，则微裂缝尖端的损伤局部化长度 l 为：

$$l = l'\left[1 - \cos\left(\frac{\pi \sigma_w}{2\sigma_u}\right)\right] \tag{4.6.4}$$

式中　σ_w——水射流准静态拉应力；

　　　σ_u——损伤局部化范围内煤体平均抗拉强度；

　　　l'——微裂缝扩展后总长度，$l' = a_u + l$；

　　　a_u——微裂缝平均半径。

将 $l' = a_u + l$ 代入上式可得：

$$l = \frac{\eta}{1-\eta}a_u, \quad l' = \frac{1}{1-\eta}a_u \tag{4.6.5}$$

其中，$\eta = 1 - \cos\left(\dfrac{\pi\sigma_w}{2\sigma_u}\right)$。

综上所述，水射流破煤过程中，前期以动态冲击对煤体的剪切拉伸破坏作用为主，后期以准静压对煤体的损伤破坏作用为主，且动态冲击对煤体的拉伸破坏起主导作用，后期准静压对煤体的损伤破坏作用非常有限[175]。

4.6.2 "钻-切-压"一体化技术原理

集中动载荷型冲击地压防治的重点在于快速、有效的顶板预裂弱化，使厚硬顶板及时垮落，避免较长距离悬而不垮。"钻-切-压"一体化技术原理：在水力压裂前，对压裂位置提前进行高压水射流切缝，压裂时在高压水射流作用下，缝槽深部的应力集中程度将高于封隔段压力，当缝槽深部压力大于岩层裂缝起裂压力时，岩层裂缝就会起裂并扩展，因此，裂缝将在高压水射流切割的缝槽内进行起裂与扩展，并且由于封隔段压力低于岩层裂缝起裂压力，其他位置不进行裂缝的起裂与扩展[176]。"钻-切-压"一体化技术原理如图 4.6.2 所示，形成的"钻孔-缝槽-裂缝"结构如图 4.6.3 所示。

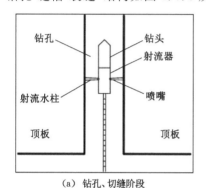
（a）钻孔、切缝阶段

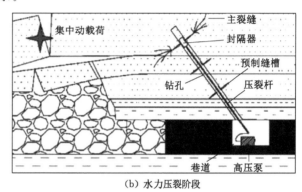
（b）水力压裂阶段

图 4.6.2 "钻-切-压"一体化技术原理

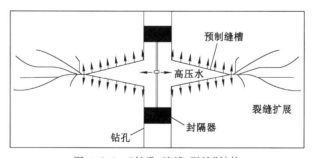

图 4.6.3 "钻孔-缝槽-裂缝"结构

5　彬长矿区冲击地压防治实践与示范

5.1　彬长矿区冲击地压防治顶层设计

5.1.1　基本思路

彬长矿区采用区域与局部相结合的监测预警方案,基于区域防范优化设计和局部主动解危相结合的冲击地压防治理念,根据巷道冲击危险区域等级和现场实际情况,采取不同的卸压防治措施。

（1）采掘部署方面

① 合理安排开采顺序,避免形成三面采空状态的回采区段或条带,在采煤工作面前方掘进巷道,禁止工作面对采和追采。

② 保证合理的开采布置,最大限度地避免形成煤柱等应力集中区。

③ 同一采区内的采煤工作面朝一个方向推进,避免相向开采,以免应力叠加。

④ 在地质构造等特殊部位,采取避免或减缓应力集中和叠加的开采程序。在向斜和背斜构造区,从轴部开始回采;在有断层和采空区的条件下,从断层或采空区附近开始回采。

⑤ 回采巷道应避开支承压力峰值影响范围,采用宽巷掘进,少用或不用双巷或多巷同时平行掘进,对于开切眼位置应避开高应力集中区。

⑥ 顶板管理采用全部垮落法,工作面支架采用整体性好和防护能力强的可缩性支架。

⑦ 将中央带式输送机大巷、中央二号辅运大巷和中央二号回风大巷层位调整至岩层中。

（2）监测方面

制定集微震法、地音法、应力在线法、顶板矿压监测法、震波CT探测法和钻屑法为一体的多参量综合预警方法,建立区域与局部相结合的冲击地压监测体系。

（3）卸压解危方面

根据巷道冲击危险区域等级和现场实际情况,采取不同的卸压防治措施,包括煤层大直径钻孔卸压、煤层爆破卸压和顶板深孔预裂爆破等措施。

5.1.2　技术体系

为取得冲击地压防治的最佳效果,对冲击地压的防治应该全盘考虑,将减小或避免煤体应力集中的思想贯穿于开采设计、开拓准备、掘进回采的全过程,因此,冲击地压防治是一项系统工程。在后续的井田开拓和开采中应遵循以下冲击地压防治思路:防治结合、先防后治、以防为主,即优先进行冲击地压区域防范设计,以冲击地压危险预评估[177]为基础,分阶段和分区域进行冲击地压的动态防治。

冲击地压区域防范设计就是从采掘布局、回采顺序、煤柱留设、开采方法等方面考虑,设计冲击地压危险最小的开采方案。

冲击地压危险预评估就是在新的采区布置、新的工作面开采前均要进行冲击危险性评价,对于评价有冲击地压危险的区域,必须提前进行防治准备工作。

分阶段进行冲击地压防治就是将防治工作分成设计、准备和开采三个阶段分别进行。在设计阶段力求从源头上消除冲击地压危险;在准备阶段要划分出冲击危险区域,提前做好冲击地压防治预案;在开采阶段要根据监测数据分析结果及时发现冲击地压危险源并采取解危措施。

分区域进行冲击地压防治就是根据预评价结果将采掘空间划分为强、中等、弱和无冲击危险区,针对不同冲击地压危险区域采用不同的巷道支护方案、采掘速度、卸压解危措施等,保证在冲击危险区域的安全。

对冲击地压的动态防治就是要在开采过程中对监测方案、解危措施和参数不断进行调整优化并对解危措施实行效果检验,以达到最有效和最经济的防治目的。

根据彬长矿区特点及前期冲击地压防治情况,建立了涵盖设计阶段、准备阶段和开采阶段的冲击地压综合防治成套技术体系[178],见图5.1.1。该体系包含冲击危险性评价、专项设计、综合监测、预测预报、卸压解危、效果检验等主要内容,使冲击地压防治工作体系化,有力地指导了冲击地压整体防治工作。

在很多情况下,冲击地压的发生都与不合理的开采布置方式造成的煤体能量积聚及应力集中[179]有关。如果在设计阶段就能考虑可能发生的冲击地压危险,并采取不易发生煤体能量及应力集中的开拓布置和开采方式,就有可能从根本上避免冲击地压危险的发生。而对于已经形成生产系统的采煤工作面和准备掘进的巷道,必须在采掘前进行冲击危险性预评价工作,识别出可能形成冲击地压的危险源以提前预防。对于处于生产过程中的采掘工作面,必须采用有效监测手段及时发现具有冲击地压危险的区域,并立即采取有效措施,措施实施完成后必须检验实施效果。

5.2 采掘布局调整

采掘布局与冲击地压的发生密切相关,采掘布局不当容易导致应力集中、结构失稳等现象发生,从而诱发冲击地压。为此从采掘布局入手,即从防冲角度对矿井采掘布局进行优化调整以避免出现区域性载荷集中,并制定冲击地压监测、治理等指导性方案。

以孟村煤矿为例,首先对采掘区域进行总体的冲击危险性评价并划分冲击危险区域,遵循"区域先行、局部跟进"的防冲原则,安排规划期内的采掘布局与开采顺序,同时依据"分区管理、分类防治"原则,制定采掘工作面冲击地压监测、治理等指导性方案,还应对冲击地压防治管理进行总体规划,包括防冲机构组成和人员规划、防冲装备购置规划、制度建设规划、人员培训规划以及防冲科研和费用规划等。

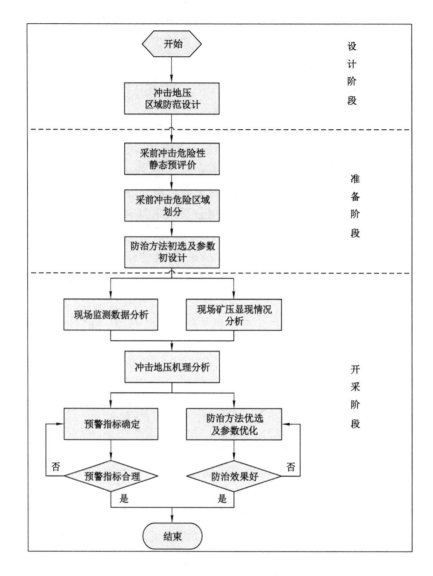

图 5.1.1　冲击地压综合防治成套技术体系

5.2.1　开拓布局

按照"一井两区、一区一面、分区开采"思路进行布局。矿井生产接续顺序为：401102 工作面→401103 工作面→403109 工作面→401104 工作面→403108 工作面→401105 工作面。孟村煤矿主要生产区域位于 401 盘区和 403 盘区，共涉及 3 个工作面的开采、4 个工作面的掘进。冉店风井投入使用后，在 401 盘区和 403 盘区两个盘区交替开采，如图 5.2.1 所示。

5.2.2　巷道层位选择

为保障中央大巷安全使用，对中央带式输送机大巷、中央二号辅运大巷及中央二号回风大巷断层构造区域的层位进行调整，设计将以上 3 条巷道的层位调整至顶板岩层中。

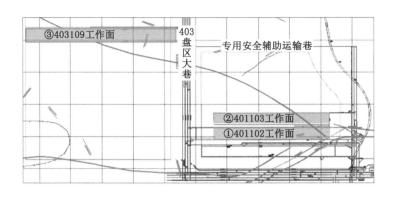

图 5.2.1　401 盘区和 403 盘区规划图

5.2.3　煤柱合理留设

煤柱是产生应力集中的地点,孤岛形和半岛形煤柱可能受几个方向集中应力的叠加作用,使得煤柱附近煤体应力集中程度大,因而在煤柱附近最易发生冲击地压。由于煤层和围岩的结构不同,煤柱宽度和埋藏深度不同,煤柱自身的应力要比原始应力大好几倍。最大应力多出现在靠近煤柱边缘部位,距边缘 10～30 m 不等。据统计,大约 60% 的冲击地压是由于邻近的采空区中遗留煤柱或本工作面遗留煤柱引起的。

（1）区段煤柱影响

区段煤柱是指走向长壁工作面之间留设的保护煤柱,其主要作用是隔离采空区。区段煤柱宽度决定着下一工作面沿空巷道的位置,煤柱宽度不同,沿空巷道所受的矿压影响不同。因此,一般将避开采动支承压力峰值作用范围作为确定沿空巷道位置或区段煤柱宽度的主要依据。工作面回采后采空区与区段煤柱的位置关系如图 5.2.2 所示。区段煤柱留设尺寸影响煤柱及巷道围岩的应力分布,大煤柱留设容易造成煤柱及巷道侧应力集中,巷道底鼓、两帮移近等变形明显。

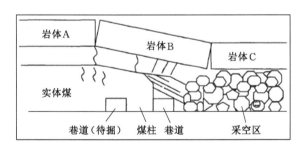

图 5.2.2　采空区与区段煤柱的位置关系

目前,孟村煤矿 401102 工作面与 401101 工作面区段煤柱 75.0 m,401103 工作面与401102 工作面区段煤柱 44.5 m。从近年煤柱型冲击地压的发生情况来看,煤柱宽度在20～30 m 时,发生的冲击地压事故最多,应尽量避免煤柱宽度留设在 20～30 m。孟村煤矿留设了更宽的区段煤柱,回采期间,需要加强对煤柱内的应力变化的监测,煤体内应力分布情况如图 5.2.3 所示。结合现场实践,应积极开展无煤柱或小煤柱护巷的适应性研究[180-182],以寻求最优的区段煤柱宽度。

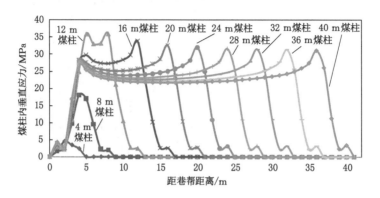

图 5.2.3 煤体内应力分布情况

(2)大巷保护煤柱影响

以彬长矿区孟村煤矿采掘规划为例,工作面终采线布置在盘区大巷保护煤柱线附近,且保护煤柱线与工作面垂直,中央大巷保护煤柱 200 m,已开采 401101 工作面开切眼与 403 盘区巷道留设 180 m 保护煤柱,工作面终采线与 401 盘区巷道留设 288 m 保护煤柱。在回采期间,盘区大巷保护煤柱受到单侧采空区影响,在回采末期,盘区大巷受到顶板岩层断裂及回采扰动产生的动载荷,以及工作面超前支承压力形成的静载荷的叠加影响;构造区域应力集中且工作面回采末期受到构造影响。因此终采线的确定要根据超前支承压力的特征和构造的影响范围来综合确定,并尽量使终采线位置对齐,设计 401 盘区和 403 盘区大巷煤柱宽度不小于 200 m。

5.2.4 工作面长度

根据图 5.2.4 和图 5.2.5 所示的数值模拟分析结果,得出工作面长度从 150 m 变化至 300 m 时,侧向支承压力的影响范围与工作面长度增加前的相差不大,工作面超前支承压力的峰值大小及影响范围变化也不甚明显,相同条件下,随着工作面长度的增加,工作面的顶板破坏高度增加,但超过一定长度之后,趋于稳定状态。

根据现场观测,工作面长度增加,来压步距减小,但由于顶板破坏高度及面积的增加,使得整体支架的受力将会增加。因此工作面长度增加对巷道及采场围岩的应力分布影响较小,对顶板活动影响较为明显,有利于防止出现大面积悬顶现象。综上分析,当工作面长度大于 150 m 时,上区段采空区侧向支承压力和工作面超前支承压力随着工作面长度的增加,其应力峰值及影响范围均未发生明显变化。因此,从应力分布角度来看,当工作面长度增加时,对冲击危险的影响较小,另外,在保证产量的前提下,加长工作面可以有效控制推进速度,避免出现推进速度过快的情况,从而减小冲击地压发生风险。

孟村煤矿采煤工作面长度为 180 m,从防冲方面考虑可适当增加工作面长度[183]。在实际工作面布置时,还应对产量要求、设备资金、防灭火及劳动管理等多方面因素进行综合考虑,逐步调整工作面长度至 180~240 m。

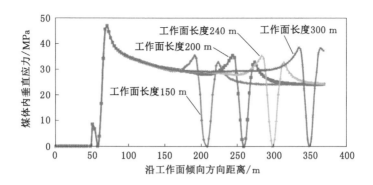

图 5.2.4 沿工作面倾向方向巷道围岩应力变化曲线

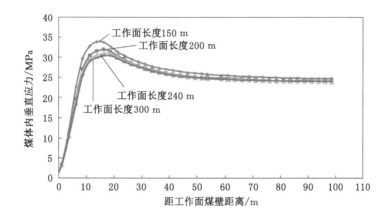

图 5.2.5 工作面中部超前支承压力分布情况

5.2.5 巷道支护

现阶段可缩 U 型棚支架是冲击地压矿井的主要支护形式,其特点主要是在保持支架本身不遭受严重破坏前提下,容忍围岩产生一定变形,以释放一些能量;虽然巷道有少量变形,但是巷道整体支护可靠,尺寸能够满足正常使用要求。井下常见的可缩 U 型棚支架多为直墙半圆拱形,在回采巷道这种矩形断面需进行强化支护时,适用性较差。为解决该问题,孟村煤矿在 401103 运输巷过礼村向斜轴部采用了矩形可缩 U 型棚支架进行强化支护,如图 5.2.6 所示。401103 运输巷共架设 30 架矩形可缩 U 型棚支架,长度 20 m,每个支架采用 29U 型钢加工而成,整体断面形状按照矩形加工,由 2 个 L 型顶梁、2 个棚腿和 1 个底梁组成,各部分采用 U 型卡缆连接固定,棚梁和棚腿均增设 2 组锚索加固,棚间距 700 mm,每棚间采用 4 套拉板联锁。

经过现场围岩变形监测分析对比,在架设矩形可缩 U 型棚支架后,401103 运输巷变形速度减缓,变形量明显减小,巷道支护应力与巷道原始应力逐步达到平衡状态,实现了主动支护和被动支护的高效结合,有效提高了巷道抗冲击能力,极大促进了现场安全生产。

图 5.2.6　401103 运输巷矩形可缩 U 型棚支架

5.3　采掘强度调控

2020 年 12 月 23 日,国家矿山安全监察局颁布了《国家矿山安全监察局关于进一步加强煤矿冲击地压防治工作的通知》,在其附件《煤矿冲击地压防治示范矿井建设基本要求》中第七条第二款明确提出,应当按矿井防冲要求,确定采煤工作面推进速度和矿井生产能力,确保矿井采掘布局和接续合理,坚决杜绝采掘接续紧张。对于冲击矿压矿井而言,为实现"零冲击"的目的,必须确定合理的采掘速度。

研究表明,当掘进工作面稳速掘进时对冲击地压防治是有利的,工作面停掘后恢复生产时期、掘进速度不均匀、掘进速度突然加速等均有可能引起冲击地压的发生。当掘进速度较为均匀时围岩应力调整相对比较平缓。因此合理控制掘进速度,尽量保持稳速掘进,在掘进期间,强、中等及弱冲击危险区域的掘进速度分别不能超过 6 m/d、8 m/d 和 10 m/d。此外,在掘进期间,需根据地质和开采技术条件以及各种监测数据的分析结果,对掘进速度进行调整。

在采煤工作面推进过程中,工作面超前区域会不断释放积聚的弹性能,同时工作面后方及侧向采空区顶板的不断垮落也会形成诱发冲击显现的动载荷源,当开采强度增大或推进速度快速变化时,积聚的弹性能会突然释放或采空区悬着的顶板会突然垮落,从而发生高能量微震事件,当近场静载荷达到临界值时甚至会诱发冲击显现。

如图 5.3.1 所示,用散点图分析孟村煤矿 401101 工作面不同日推进度下日微震事件频次及能量关系,对散点拟合后可以看出,日微震事件能量与日推进度基本呈正相关关系,日微震事件频次并非与日推进度完全呈正相关关系,日推进度超过约 3.2 m 后日微震事件频次开始减缓下降。

假设不同日推进度下日微震事件平均能量为 E_0,E_0 越高,意味着高能量事件越多,诱发冲击地压的风险也就越高。其计算方法为 $E_0 = y_2/y_1$,E_0 与日推进度的关系如图 5.3.2 所示。

由图 5.3.2 可以看出:

① 日推进度小于 5 m 时,日推进度对微震事件能量影响很小,高能量微震事件发生概

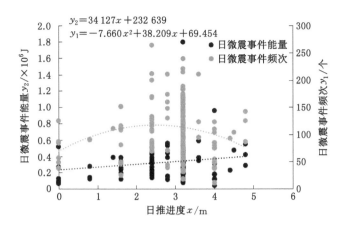

图 5.3.1 日推进度与日微震事件频次及能量的关系

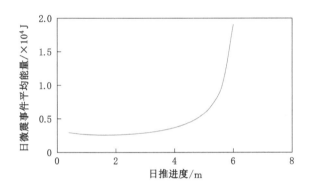

图 5.3.2 日推进度与日微震事件平均能量的关系

率低。

② 日推进度超过 5 m 后，E_0 呈指数迅速增长。日推进 6 m 时，E_0 约是日推进 5 m 时 E_0 的 3 倍。

采煤工作面合理的推进速度应根据采掘过程中矿压显现及监测数据分析再进行确定，在工作面合理的推进速度确定之前，根据彬长矿区部分矿井经验和孟村煤矿 401101 工作面的开采经验，对于不同冲击危险区域暂定不同的推进速度，初步设计孟村煤矿 401101 工作面开采期间，在保证卸压强度前提下，推进速度应不大于 4.8 m/d。同时开采过程中需保持工作面的稳速推进，避免忽快忽慢。此外，在开采期间，需根据地质和开采技术条件以及各种监测数据的分析结果，对工作面推进速度进行调整。

5.4 中央大巷立体防冲工程实践

彬长矿区大多煤层具有强冲击倾向性，煤层顶板为弱冲击倾向性，综合分析中央大巷冲击原因及冲击显现特征，认为该区域为断层构造型冲击地压，为确保中央大巷安全使用，对中央大巷构造区开展局部卸压措施。

5.4.1　强冲击危险区防治方案

在划定的强冲击危险区掘进时,掘进前必须采用大直径钻孔卸压技术[184],卸压区域为迎头前方及巷道两帮。根据相关规定,采用大直径钻孔预卸压时,孔直径不得小于150 mm,孔间距不得大于3 m。

（1）施工方式

中央大巷迎头大直径卸压钻孔参数如表 5.4.1 所列,钻孔布置剖面、平面图如图 5.4.1、图 5.4.2 所示。钻孔采用正"三花"布置,下部两个钻孔距离巷帮各 1.4 m,上部钻孔位于巷道中线上,距离底板1.8～2.2 m。掘进施工至大直径卸压钻孔长度小于 15 m 之前,及时补打下一轮钻孔。

表 5.4.1　中央大巷迎头大直径卸压钻孔参数

参数	数量	长度/m	倾角/(°)	方向	孔直径/mm	布置方式
取值	3	80	0	垂直于煤壁	≥150	正"三花"

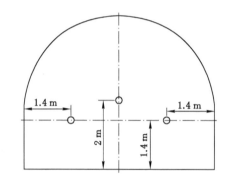

图 5.4.1　中央大巷迎头大直径卸压钻孔布置剖面图

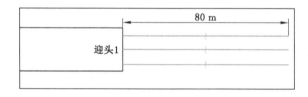

图 5.4.2　中央大巷迎头大直径卸压钻孔布置平面图

中央大巷巷帮大直径卸压钻孔参数如表 5.4.2 所列,钻孔布置平面图如图 5.4.3 所示。

表 5.4.2　中央大巷巷帮大直径卸压钻孔参数

参数	孔间距	长度/m	角度	孔直径/mm	布置方式	距底板/m	封孔长度/m
取值	1.4	14	垂直于巷帮,倾角0°	≥150	单排	1.2	3.0

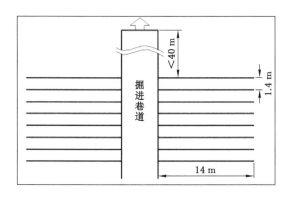

图 5.4.3　中央大巷巷帮大直径卸压钻孔布置平面图

对于中央大巷底板大直径卸压钻孔,综合考虑卸压效果和现场操作方便,巷道底煤厚度超过 10 m(含 10 m)的区域,钻孔长 10 m,底煤厚度小于 10 m 的区域,钻孔施工至见岩为止。中央大巷底板大直径卸压钻孔参数如表 5.4.3 所列,钻孔布置剖面图如图 5.4.4 所示。

表 5.4.3　中央大巷底板大直径卸压钻孔参数

参数	倾角/(°)	方向	长度/m	孔直径/mm	孔口间距/m
取值	60°	垂直于煤壁	10	≥150	1.4

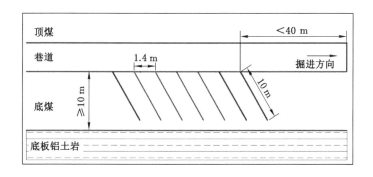

图 5.4.4　中央大巷底板大直径卸压钻孔布置剖面图

(2) 施工说明

① 钻孔均匀布置是以煤层发育均匀为前提,而实际上煤层结构发育,同一断面内不同位置煤体的强度也不尽相同,炸帮、片帮等常表现出局部化。该情形下,可适当调整孔口位置加以兼顾。

② 迎头上部钻孔主要对上部煤体进行卸压,因此施工高度不宜过低。但高度过大时,钻机稳定性较差,且操作较为困难。鉴于此,孔高可在 1.8~2.2 m 之间进行调整。

③ 钻进过程中应记录动力效应,如孔内声响及卡转次数、每米钻进时间等,干式钻孔时应记录每米煤粉量,以便于分析钻孔处煤层应力集中情况。

④ 在迎头钻孔实际施工时,若局部地段巷道成形较差,抽冒严重,实际巷高远大于设计

巷高时,可将剩余施工迎头钻孔距离增大至 20 m。

⑤ 底板卸压钻孔开口位置原则上布置在巷道横向中央,具体可根据带式输送机位置进行适当调整。

⑥ 采用钻孔卸压措施时,必须制定防止诱发冲击伤人的安全防护措施。

5.4.2 中等及弱冲击危险区防治方案

中等及弱冲击危险区防治方案制定原则和方法与强冲击危险区的基本一致,仅在具体参数上略有调整。结合孟村煤矿和胡家河煤矿实施效果分析,在强冲击危险区防治方案的基础上加以调整。

(1) 迎头钻孔卸压

钻孔参数与在强冲击危险区的一致。

(2) 巷帮钻孔卸压

孔间距由 1.4 m 调整为 2.0 m,其他参数与在强冲击危险区的一致。

(3) 底板钻孔卸压

孔间距由 1.4 m 调整为 2.0 m,其他参数与在强冲击危险区的一致。

5.4.3 卸压效果分析

对于评价或监测有强冲击危险的区域,在采用解危措施后还应进行解危效果检验。如果仍存在冲击危险,则还需要进行二次解危及效果检验,直至危险解除方可恢复采掘作业。解危效果检验可通过钻屑法进行,判断大直径卸压钻孔实施后的煤体应力是否出现降低的趋势,保证钻屑检验不超标且无动力效应。

大直径卸压钻孔地点选择在大佛寺煤矿 40111 泄水巷里程 50 m 附近区域,避开爆破孔、注水孔、煤体松软破碎处、裂隙处,使用手持风钻在实体煤帮间隔 10 m 依次取 3 个钻孔,钻孔地点如图 5.4.5 所示。孔直径 42 mm,孔深 12 m,煤厚 12.5 m,煤密度 1.39 t/m³,巷道高度 3.5 m,开孔高度距底板 1~1.2 m,仰角 3°~5°。测量过程中,派专人在现场收集钻屑数据并详细记录打钻过程中的各种动力效应、煤粉粒度及湿度。40111 泄水巷 50 m 附近区域远离地质构造,且几乎不受采掘影响,避开爆破孔、注水孔、煤体松软破碎处、裂隙处,因此取该处实体煤帮钻孔煤粉量作为标准值,浅部 1.79 kg/m,中部 2.04 kg/m,深部

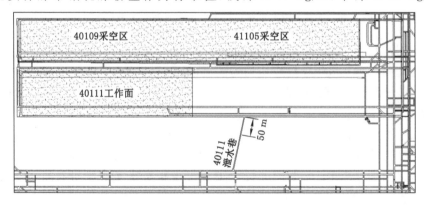

图 5.4.5 40111 工作面泄水巷大直径卸压钻孔地点示意图

2.21 kg/m。钻屑法检测结果显示,当钻进孔深达到 7 m 时,煤粉量增加显著,钻进过程中也容易出现夹钻吸钻现象,说明巷道侧向支承压力区距离煤体约 7～12 m。结合钻屑法理论,综合各因素,初步确定浅部、中部和深部的钻粉率指数分别为 1.5、2.0 和 2.5,则临界煤粉量指标如表 5.4.4 所列。

表 5.4.4　临界煤粉量指标

孔深/m		2～6 m(浅)	7～9 m(中)	10～12 m(深)
标准煤粉量/(kg/m)	理论计算	1.92	1.92	1.92
	现场实测	1.79	2.04	2.21
临界煤粉量/(kg/m)	理论计算	2.88	3.84	4.80
	现场实测	2.69	4.08	5.53
	平均值	2.79	3.96	5.17
钻粉率指数		1.5	2.0	2.5
临界煤粉量指标/(kg/m)		2.8	4.0	5.0

根据钻屑法检测结果,大佛寺煤矿 40111 工作面孔直径 42 mm 时临界煤粉量指标为:浅部(2～6 m)2.8 kg/m,中部(7～9 m)4.0 kg/m,深部(10～12 m)5.0 kg/m。

由于煤粉对应力的敏感度不同,因此不同煤矿、煤层或区域的钻粉率指数具有差异性,为了使临界值更加合理,应根据现场应用情况不断修正。

5.5　掘进工作面立体防冲工程实践

根据孟村煤矿 401103 工作面掘进期间冲击危险评价及危险区域划分结果,对于不同危险等级采取对应的常规卸压措施。

实际掘进过程中,巷道迎头采用高压水力致裂或爆破卸压均可,根据现场实际情况及卸压效果选择适合的卸压技术。当贯通距离小于 30 m 时,不得采用迎头爆破卸压。巷帮采用高压水力致裂或爆破卸压。巷道底板采用爆破卸压。另外,在作业现场也可采用煤层爆破卸压代替上述方案。

5.5.1　强冲击危险区防治方案

(1)迎头爆破卸压

迎头爆破卸压钻孔按 3 个孔布置,孔深 11 m,采用"三花"布置方式,使用 ϕ32 mm 药卷,每孔装药 5 kg,封孔长度 5.5 m,下部钻孔距离底板 1.0 m,上部钻孔距离底板 1.3 m,采用正"三花"与倒"三花"交替施工方式开展卸压。当迎头爆破卸压实施后,掘进工作面依然动力显现明显时,需要根据实际情况,及时调整设计参数,以保障掘进安全。掘进工作面迎头爆破卸压钻孔布置剖面图如图 5.5.1 所示。

(2)巷帮爆破卸压

掘进工作面巷帮爆破卸压钻孔近似垂直于巷帮单排布置,钻孔距底板 1.5 m,倾角 5°,孔直径 42 mm,使用 ϕ32 mm 药卷,孔深 11 m,装药量 5 kg,封孔长度 5.5 m,孔间距 4 m,滞

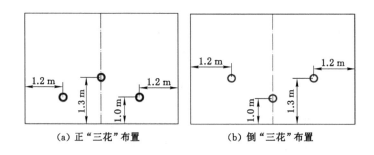

（a）正"三花"布置　　　（b）倒"三花"布置

图 5.5.1　掘进工作面迎头爆破卸压钻孔布置剖面图

后迎头距离不超过 30 m。卸压效果不理想时，需根据现场实际情况，对卸压参数进行优化。掘进工作面巷帮爆破卸压钻孔布置剖面图如图 5.5.2 所示。

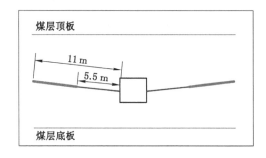

图 5.5.2　掘进工作面巷帮爆破卸压钻孔布置剖面图

（3）底板爆破卸压

在掘进工作面两底角施工爆破卸压钻孔时，孔直径 42 mm，倾角 −45°，孔深 11 m（或见岩停钻），装药量 5 kg，封孔长度 5.5 m，孔间距 4 m，滞后迎头距离不超过 45 m，巷道一侧有胶带时，胶带内侧底角爆破卸压钻孔施工在人行侧靠近胶带架处。掘进工作面底板爆破卸压钻孔布置剖面图如图 5.5.3 所示。

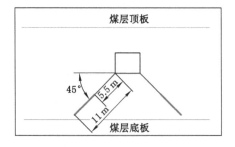

图 5.5.3　掘进工作面底板爆破卸压钻孔布置剖面图

（4）迎头高压水力致裂卸压

在掘进工作面迎头布置一组高压水力致裂卸压钻孔，孔深 20 m，从孔底开始，每 2 m 进行 1 次水射流切缝，2 次水力压裂，直至孔口 6 m 处。掘进工作面迎头高压水力致裂卸压钻孔布置剖面图如图 5.5.4 所示。

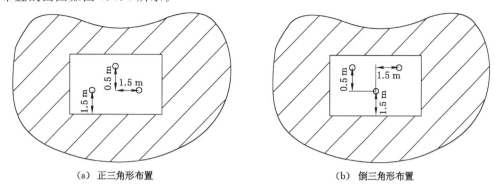

　　(a) 正三角形布置　　　　　　　　　　(b) 倒三角形布置

图 5.5.4　掘进工作面迎头高压水力致裂卸压钻孔布置剖面图

　　在划定的强冲击危险区范围内掘进时,每掘进 6 m,进行 1 次水射流切缝,至少 2 次水力压裂。

　　(5) 巷帮高压水力致裂卸压

　　掘进工作面巷帮高压水力致裂卸压钻孔开孔高度 1.5 m,单排布置,孔间距 3 m,孔深 12～20 m,从孔底开始,每 2 m 进行 1 次水射流切缝,直至孔口 5 m 处,钻孔施工滞后迎头不得超过 10 m。掘进工作面巷帮高压水力致裂卸压钻孔布置剖面图如图 5.5.5 所示。

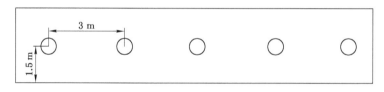

图 5.5.5　掘进工作面巷帮高压水力致裂卸压钻孔布置剖面图

　　在划定的强冲击危险区范围内掘进时,进行 1 次水射流切缝,至少 2 次水力压裂。

5.5.2　中等冲击危险区防治方案

　　(1) 迎头爆破卸压

　　在划定的中等冲击危险区范围内掘进时,针对迎头采取爆破卸压时,参数与在强冲击危险区的一致。

　　(2) 巷帮爆破卸压

　　在划定的中等冲击危险区范围内掘进时,针对巷帮采取爆破卸压时,孔间距调整为 5 m,其他参数与在强冲击危险区的一致。

　　(3) 底板爆破卸压

　　在划定的中等冲击危险区范围内掘进时,针对底板采取爆破卸压时,孔间距调整为 5 m,其他参数与在强冲击危险区的一致。

　　(4) 迎头高压水力致裂卸压

　　在划定的中等冲击危险区范围内掘进时,针对迎头采取高压水力致裂卸压时,每掘进 8 m,进行 1 次水射流切缝,至少 1 次水力压裂,其他参数与在强冲击危险区的一致。

（5）巷帮高压水力致裂卸压

在划定的中等冲击危险区范围内掘进时,针对巷帮采取高压水力致裂卸压时,进行1次水射流切缝,至少1次水力压裂,其他参数与在强冲击危险区的一致。

5.5.3 弱冲击危险区防治方案

（1）迎头爆破卸压

在划定的弱冲击危险区范围内掘进时,针对迎头采取爆破卸压时,参数与在强冲击危险区的一致。

（2）巷帮爆破卸压

在划定的弱冲击危险区范围内掘进时,针对巷帮采取爆破卸压时,孔间距调整为6 m,其他参数与在强冲击危险区的一致。

（3）底板爆破卸压

在划定的弱冲击危险区范围内掘进时,针对底板采取爆破卸压时,孔间距调整为6 m,其他参数与在强冲击危险区的一致。

（4）迎头高压水力致裂卸压

在划定的弱冲击危险区范围内掘进时,针对迎头采取高压水力致裂卸压时,每掘进10 m,进行1次水射流切缝,其他参数与在强冲击危险区的一致。

（5）巷帮高压水力致裂卸压

在划定的弱冲击危险区范围内掘进时,针对巷帮采取高压水力致裂卸压时,进行1次水射流切缝,其他参数与在强冲击危险区的一致。

5.5.4 煤层爆破卸压

煤层爆破卸压钻孔深度12 m,孔间距5 m,孔直径44 mm,单孔装药量5 kg,封孔长度7 m。其中迎头布置一个煤层爆破卸压钻孔,钻孔距底板1.5 m。巷帮布置多个单排煤层爆破卸压钻孔,钻孔与煤层平行,距底板1.5 m,孔间距5～10 m,钻孔施工滞后迎头不得超过5 m,依次向前施工,直至冲击危险解除。如果仍存在冲击危险,必须进行二次爆破,直至危险解除。掘进工作面煤层爆破卸压钻孔布置平面图如图5.5.6所示,掘进工作面迎头煤层爆破卸压钻孔布置剖面图如图5.5.7所示。

5.5.5 卸压效果分析

掘进工作面实施解危措施后,可通过微震法、地音法等方法判定冲击危险是否解除,如果仍存在冲击危险,则需要继续解危并进行效果检验,直至危险解除方可恢复作业。

（1）采用微震法进行效果检验时,同时满足以下情况时判定为危险程度降低:

① 对比分析实施卸压措施前后一段时间内的微震事件能量及频次变化情况,卸压措施实施后,微震事件频次下降20%以上,且10^4 J以上能量事件频次下降20%以上。

② 冲击危险指数持续稳步下降。

（2）采用地音法进行效果检验时,通过以下情况判定危险程度:

① 在分析地音监测结果时,主要关心的参数包括:地音事件频次、班（小时）累计能量、平均能量、各通道之间信号的时差等。地音参数的异常往往预示冲击危险性的增加,其中地

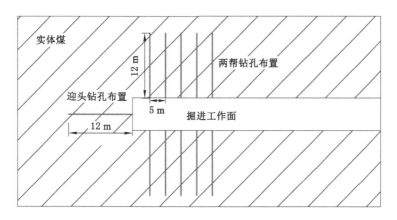

图 5.5.6 掘进工作面煤层爆破卸压钻孔布置平面图

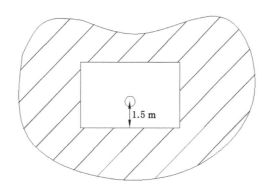

图 5.5.7 掘进工作面迎头煤层爆破卸压钻孔布置剖面图

音能量和频次异常是冲击地压发生前的两个重要短期特征。

② 在一段时间数据统计的基础上,通过分析地音事件的发生规律,可以对相应监测区域在下一时间段内的危险等级进行评价,根据地音事件频次及能量偏差值设定以下评定标准:

a. 监测区域无冲击危险;

b. 监测区域有一定的矿压显现,但是不影响正常生产;

c. 监测区域矿压现象强烈,需要采取防冲措施;

d. 监测区域有冲击危险,需要停止施工,撤离人员。

综上所述,掘进工作面冲击地压防控措施的可靠性较高,适用性较强,能够较好地保障深部强冲击危险煤层建设矿井的安全掘进。

5.6 采煤工作面立体防冲工程实践

采煤工作面立体防冲措施采用"井上下"协同卸压,包含地面"L"型水平井分段压裂卸压(高位顶板)、井下顶板定向长钻孔水力压裂卸压(中位顶板)、顶板深孔预裂爆破卸压(低位顶板)、煤层大直径钻孔卸压和煤层爆破卸压。

5.6.1 地面"L"型水平井分段压裂卸压

采煤工作面回采前,实施地面"L"型水平井分段压裂卸压,设计水平井 2 个、参数井 1 个,设计井深 3 987 m、压裂 15 次、总计压裂 1 500 m。其中 MC-01L 水平井井深 1 587 m,一开井深 220 m,二开井深 817 m,目的层安定组,三开井深 1 587 m。MC-02L 水平井井深 1 670 m,一开井深 170 m,二开井深 900 m,目的层安定组,三开井深 1 670 m。MC-102 参数井井深 730 m,一开井深 220 m,二开井深 730 m,进入延安组 10 m 完钻,水泥封闭至洛河组底部。压裂工程采用泵送桥塞分簇射孔联作压裂工艺;施工限压 60.00 MPa,工作压力 68.95 MPa;射孔工艺采用大直径深穿透射孔枪弹(89 枪),各段总射孔数 33。地面"L"型水平井布置剖面图如图 5.6.1 所示。

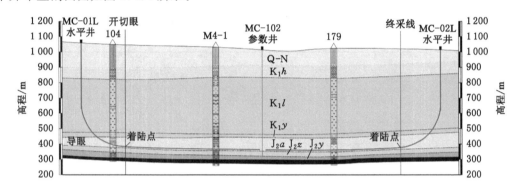

图 5.6.1 地面"L"型水平井布置剖面图

5.6.2 井下顶板定向长钻孔水力压裂卸压

井下顶板定向长钻孔水力压裂技术是指利用千米钻机的定向钻进功能,在煤层顶板岩层内经造斜和拐平使钻孔轨迹水平控制于坚硬顶板中,并采用高压压裂泵组对坚硬顶板进行后退式分段压裂,实现坚硬顶板的区域性弱化改造。在工作面回采期间施工井下顶板定向长钻孔进行水力压裂,可以消除前期顶板深孔预裂爆破与地面"L"型水平井分段压裂垂向方向的空白影响区域,弱化该区域内的中位坚硬顶板,降低工作面冲击危险。

在工作面回风巷施工钻场(图 5.6.2),每个钻场各布置 2 个钻孔,其中 1 号钻场布置 1、2 号钻孔,每个钻孔进尺约 420 m,压裂进尺约 260 m(20 m/段);2 号钻场布置 3、4 号钻孔,每个钻孔进尺约 460 m,压裂进尺约 300 m(20 m/段)。钻孔垂直布置在煤层顶板上方 50 m,用以弱化直罗组顶部坚硬砂岩层,降低载荷集聚。

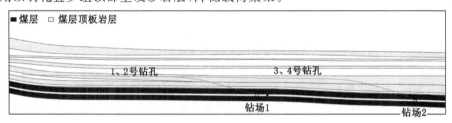

图 5.6.2 井下顶板定向长钻孔布置剖面图

5.6.3　顶板深孔预裂爆破卸压

采煤工作面回采期间工作面超前支承压力对冲击地压影响显著,而支承压力的产生都是由于采空区上方坚硬顶板难以垮落,形成悬顶。另外,工作面受构造影响,推进过程中同样受侧向构造应力影响,在回采扰动下容易在巷道形成高应力集中。针对以上两个问题,需要回采前在运输巷和回风巷对工作面顶板进行超前预裂,爆破孔布置为走向爆破孔和倾向爆破孔。爆破孔的孔深与覆岩中的坚硬厚层的砂岩的位置有关,也就是较难垮落的岩层层位。爆破孔的间距与工作面的周期来压步距相同。采用 $\phi60$ mm 被筒炸药,每卷炸药长度350 mm、质量 1.1 kg,装药线密度为 3.2 kg/m。每条巷道布置 2~6 个爆破孔,具体参数按照每个采煤工作面实际情况进行专项设计。

5.6.4　煤层大直径钻孔卸压

工作面回采期间,一般工作面前方 200 m 范围内是冲击地压事故多发区域,也是冲击地压防治的重点区域。为保证施工安全同时降低施工难度,采煤工作面煤层大直径钻孔卸压区域随着工作面推进始终超前工作面 300 m 范围,即保证工作面前方 300 m 范围为卸压区。根据采煤工作面冲击危险区域的不同等级,可以选择不同的煤层大直径钻孔卸压方案,如表 5.6.1 所列。

表 5.6.1　不同等级冲击危险区域煤层大直径钻孔卸压方案

施工位置	危险区域等级	卸压方案
采煤工作面	强冲击	煤层大直径加密钻孔卸压
	中等冲击	煤层大直径钻孔卸压
	弱冲击	

5.6.4.1　强冲击危险区煤层大直径加密钻孔卸压方案

强冲击危险区煤层大直径加密钻孔直径 150 mm,深度 25 m,间距 1.6 m,封孔长度4 m,钻孔距巷道底板 1.5 m(尽量避开锚杆、锚索支护位置,避免使支护失效),平行煤层方向,单排布置,对巷道实体煤帮进行卸压,如图 5.6.3 所示。

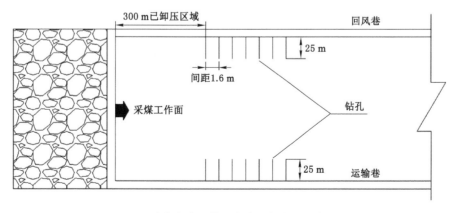

图 5.6.3　强冲击危险区煤层大直径加密钻孔布置平面图

5.6.4.2 中等及弱冲击危险区煤层大直径钻孔卸压方案

中等及弱冲击危险区大直径钻孔直径 150 mm,深度 25 m,间距 3.2 m,封孔长度 4 m,钻孔距巷道底板 1.5 m(尽量避开锚杆、锚索支护位置,避免使支护失效),平行煤层方向,单排布置,对巷道实体煤帮进行卸压,如图 5.6.4 所示。

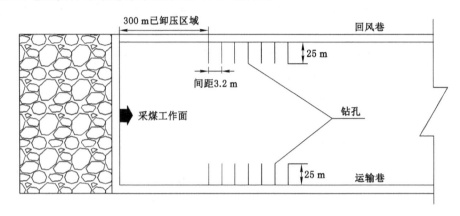

图 5.6.4 中等及弱冲击危险区煤层大直径钻孔布置平面图

5.6.5 煤层爆破卸压

煤层爆破卸压钻孔深度 12 m,间距 5 m,直径 42 mm,钻孔距底板 1.5 m,单孔装药量 4 kg,封孔长度 7 m,对巷道两帮均进行卸压。采煤工作面煤层爆破卸压钻孔布置平面图如图 5.6.5 所示。

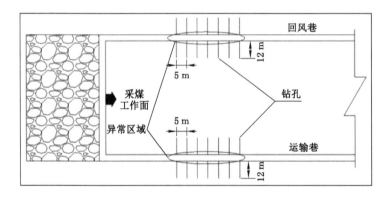

图 5.6.5 采煤工作面煤层爆破卸压钻孔布置平面图

5.6.6 卸压效果分析

回采期间实施卸压措施后,必须进行防冲效果检验,检验方法可以采用微震法、地音法、应力法等,判断卸压工程实施后的煤体内冲击危险性是否出现减弱的趋势,保证卸压后各方法的监测结果不超过预警指标。

在采用解危措施后还应根据微震法、地音法等进行效果检验,如果仍存在冲击危险,则还需要进行二次解危并进行效果检验,直至危险解除方可恢复作业。

以彬长矿区小庄煤矿为例,采用微震监测数据对比分析 40205 工作面防冲工程实践效果,分别选取 40309 工作面 2021 年 1 月 2 日—28 日共 27 d 微震监测数据,以及 40205 工作面 2021 年 3 月 7 日—4 月 2 日共 27 d 微震监测数据,如图 5.6.6 和图 5.6.7 所示。

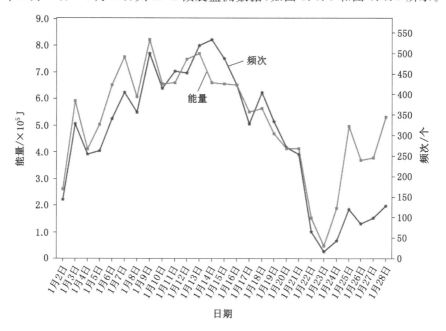

图 5.6.6　40309 工作面微震时序分布

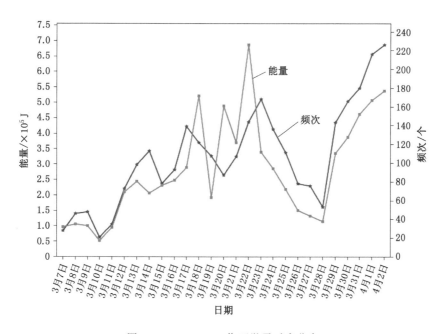

图 5.6.7　40205 工作面微震时序分布

40309 工作面 2021 年 1 月 2 日—28 日期间监测的微震事件总能量 1.40×10^7 J,总频

次 8 024 个,日微震事件平均能量 5.19×10^5 J,日微震事件平均频次 297 个,其中能量 0～10^2 J 的微震事件 2 个,10^2～10^3 J 的微震事件 4 083 个,10^3～10^4 J 的微震事件 3 865 个,10^4～10^5 J 的微震事件 74 个。

40205 工作面 2021 年 3 月 7 日—4 月 2 日期间监测的微震事件总能量 7.00×10^6 J,总频次 2 877 个,日微震事件平均能量 2.59×10^5 J,日微震事件平均频次 106 个,其中能量 0～10^2 J 的微震事件 43 个,10^2～10^3 J 的微震事件 1 134 个,10^3～10^4 J 的微震事件 1 700 个,无高于 10^4 J 的微震事件。

40205 工作面 2021 年 3 月 7 日—4 月 2 日期间微震监测数据与 40309 工作面 2021 年 1 月 2 日—28 日期间微震监测数据相比表明,40205 工作面采取卸压措施后,其微震事件能量、频次大幅下降,微震事件总能量下降了 7.00×10^6 J,下降比例达 50%,微震事件总频次下降了 5 147 个,下降比例达 64%,日微震事件平均能量下降了 2.60×10^5 J,下降比例达 50%,日微震事件平均频次下降了 191 个,下降比例达 64%,且微震事件以 10^2～10^4 J 的较低能量的事件为主,无高于 10^4 J 的较高能量的事件。这说明 40205 工作面采取卸压措施后,其能量以低能量微震的形式释放,降低了冲击危险性,取得了较好的防冲效果。

6　彬长矿区冲击地压防治关键技术与装备

为最大限度降低冲击地压危险性,实现了冲击地压的超前、源头治理,对矿井布局、大巷层位进行了优化调整,采取了地面"L"型水平井分段压裂技术、井下顶板定向长钻孔水力压裂技术、煤层大直径钻孔卸压和煤层爆破卸压技术、水射流旋切技术以及防冲支架超前支护技术等冲击地压防治关键技术,并研发了防治关键技术配套实施装备,同时采取了相应的安全防护措施,保障了矿内煤炭资源的安全高效回采,为冲击地压灾害控制树立了典型示范。

6.1　地面"L"型水平井分段压裂技术与装备

6.1.1　地面"L"型水平井分段压裂技术方案

根据彬长矿区冲击地压现状、采取的防治措施及防治效果与存在的问题,以孟村煤矿401102工作面为例,地面"L"型水平井分段压裂工程需遵循如下部署原则:

① 401102工作面东西侧各布置1口水平井,水平段目标层为煤层上覆坚硬含砾中粗砂岩(安定组下段);

② 水平段轨迹北距401102运输巷60 m,南距401102回风巷120 m;

③ 西侧水平井着陆点位于工作面开切眼上覆目标层,东侧水平井着陆点位于工作面终采线上覆目标层;

④ 在两口水平井水平段末端之间布置一口参数井,以获取地层孔渗特性、岩石力学参数、地应力剖面等,并为压裂工程提供关键参数。

地面"L"型水平井分段压裂工程总体部署方案分述如下。

(1) 井位部署

为实现401102工作面上覆岩层随回采及时垮落,充分考虑井场布置的地形条件、顶板硬厚岩层展布形态、水平井水力压裂裂缝扩展范围、已形成巷道的安全等因素,设计在401102工作面东、西侧各布置1口水平井(MC-01L、MC-02L),在两口水平井水平段末端之间布置一口参数井(MC-102),井位坐标如表6.1.1所列,井位部署位置平面图如图6.1.1所示。

表 6.1.1　地面"L"型水平井井位坐标

井号	X坐标/m	Y坐标/m	高程/m
MC-01L	3 892 073	36 491 072	1 062
MC-02L	3 892 073	36 493 168	990
MC-102	3 892 054	36 492 091	1 026

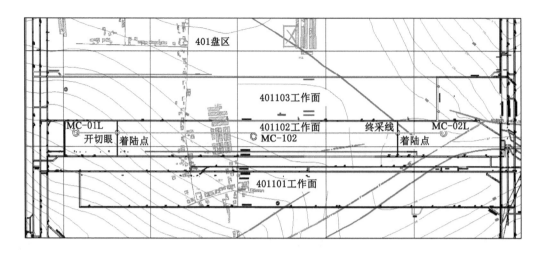

图 6.1.1　地面"L"型水平井井位部署位置平面图

（2）参数测试工作

在 MC-102 参数井中开展小井眼取参作业，钻进取芯，完成岩石物理力学测试、注入压降测试及交叉偶极子测井等工作，获取安定组、直罗组大于 10 m 的岩层的岩石物理力学性质、地应力等关键参数，及其岩性组分、厚度、深度等资料。以此为基础，为后期水平井压裂作业提供数据支撑，保证后续的压裂坚硬顶板弱化工程顺利实施，同时为后续孟村煤矿坚硬顶板弱化治理提供参考数据。

（3）水平井钻井工程

水平井按照总体三开井身结构，依次完成一开、二开、三开钻井工程。

（4）分段压裂工程

以获取的参数、钻井实际揭露情况为依据，确定压裂液、支承剂、压裂规模与强度、分段压裂方式、压裂监测等，优化制定分段压裂单项工程方案，分批次开展分段压裂工程及压后的压裂液强排工作。

地面"L"型水平井分段压裂技术具有覆盖范围广、排量大、造缝强等特点，在坚硬顶板压裂弱化方面相对井下压裂技术具有优势，横向、纵向覆盖面积大，可实现工作面上覆坚硬顶板区域超前弱化治理。针对彬长矿区孟村煤矿地面水平井分段压裂工程，设计了钻井工程、测试工程、压裂工程、排水工程等的方案，工程实施总体路线图如 6.1.2 所示。

各工程技术方案分述如下。

（1）钻井工程

钻井工程共计施工 2 口水平井（MC-01L、MC-02L），1 口参数井（MC-102）。

水平井目标层为安定组底部含砾砂岩层。由于通过工作面周边钻孔获取的岩石物理力学参数较少，对 4 煤层顶底板的物性和力学性质认识尚不明确。为掌握目标层的结构、物性、电性、岩石力学性质及其地应力等，为水平段施工及压裂设计提供基础参数，在 MC-102 参数井中进行小井眼取参工作。

① MC-01L、MC-02L 水平井施工流程

一开采用 ϕ444.5 mm 钻头钻至基岩面以下 20 m，下入 ϕ339.7 mm 表层套管后固井候

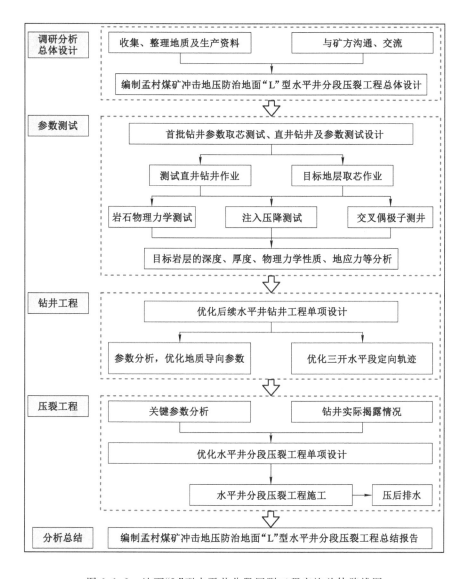

图 6.1.2　地面"L"型水平井分段压裂工程实施总体路线图

凝,水泥浆返至地面;二开采用 ϕ311.1 mm 钻头钻进至着陆点,下入 ϕ244.5 mm 技术套管后固井候凝,水泥浆返至地面;三开水平段采用 ϕ215.9 mm 钻头钻至设计井深完钻,下入 ϕ139.7 mm 技术套管,水泥浆返至地面。

② MC-102 参数井施工流程

一开采用 ϕ244.5 mm 钻头钻至基岩面以下 20 m,下入 ϕ180 mm 表层套管后固井候凝,水泥浆返至地面;二开采用 ϕ113 mm 钻头钻至设计井深,钻进过程中在安定组、直罗组开展取芯工作,完成岩石物理力学测试样品采集,开展目标岩层(安定组、直罗组)注入压降测试,测试结束后使用 ϕ153 mm 钻头扩孔至井底,对全孔进行交叉偶极子测井,水泥封固至洛河组底部(下泵抽水为水平井分段压裂工程提供水源)。

(2)测试工程

① 地应力测试

地应力测试旨在获取目标区域三向主应力情况以及地应力剖面,为压裂工程施工设计提供依据。为测定目标层段地应力大小及方向,在 MC-102 参数井针对压裂目标层进行注入压降测试,并对全井段进行交叉偶极子测井,同时通过注入压降测试结果对交叉偶极子测井的地应力剖面解释结果进行修正(表 6.1.2)。

表 6.1.2　地应力测试安排表

测试方法	MC-102 参数井
注入压降测试	安定组、直罗组
交叉偶极子测井	全井段

② 岩石物理力学测试

在 MC-102 参数井内对关键层段进行取芯钻进,采取岩样,进行室内岩石物理特性及力学分析化验,获取地层孔渗特性、岩石力学参数等。岩石物理力学测试分析项目如表 6.1.3 所列。

表 6.1.3　岩石物理力学测试分析项目

类别		测试分析项目	
1	物性分析	孔渗测试	孔隙度测试
			渗透率测试
		X 射线衍射	全岩矿物 X 衍射定量
			黏土矿物 X 衍射定量
2	力学分析	岩石力学试验	岩石三轴压缩强度
			岩石单轴抗压强度
			岩石抗拉强度
			岩石抗剪强度

(3) 压裂工程

① 压裂目的

通过对安定组底部含砾中粗砂岩层进行压裂改造,从而使该区域高应力得到有效释放,最终避免 401102 工作面在回采过程中发生冲击地压危害事件。

② 总体方案思路

为了有效达到地面"L"型水平井分段压裂改造的目的,应以"地质＋工程一体化"为核心,以"定位目标,控制轨迹,合理布缝,参数优化,应力释放和监测评价"6 个方面为总体方案思路,全盘考量和设计,从根本上有效解决问题,总体方案思路图如 6.1.3 所示。

③ 分段压裂工艺优选

地面水力压裂冲击地压治理技术主要有两点要求:对上覆岩层的破碎程度要尽可能高,即尽可能形成体积缝;单井改造体积要尽可能大。只有水平井能够满足以上要求,达到充分破碎煤层上覆硬厚岩层的目的。

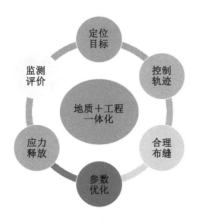

图 6.1.3　总体方案思路图

目前针对套管完井水平井压裂施工主要有两种成熟的分段压裂工艺,即连续油管拖动压裂工艺和泵送桥塞分簇射孔联作压裂工艺,其优缺点对比如表 6.1.4 所列。调研发现泵送桥塞分簇射孔联作压裂工艺技术满足大排量、大液量、分段分簇射孔等体积压裂的特殊需要,分段数不受限制,工艺和工具都比较成熟,其工艺技术示意图如图 6.1.4 所示。

表 6.1.4　分段压裂工艺优缺点对比

名称	连续油管拖动压裂工艺	泵送桥塞分簇射孔联作压裂工艺
管柱	连续油管射孔、油套环空压裂	套管
优点	① 可实现无限级压裂; ② 可对每个喷砂射孔段进行改造,达到精细分层的目的; ③ 若中途出现砂堵,可用连续油管冲砂,缩短施工周期; ④ 压后提供全通径井筒,可为后续作业提供条件	① 可实现无限级压裂,大排量压裂; ② 簇状射孔,与泵注方式配合可形成多支裂缝; ③ 分簇射孔与桥塞联作,可缩短施工时间; ④ 套管压裂,施工排量高,改造充分
缺点	① 水力喷枪和底部封隔器是易损件; ② 施工排量受限制	① 泵送桥塞和射孔枪成本较高; ② 工艺较为复杂

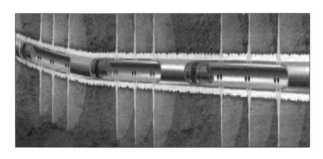

图 6.1.4　泵送桥塞分簇射孔联作压裂工艺技术示意图

根据以上对比,冲击地压治理的井型宜选用水平井,分段压裂工艺宜选用泵送桥塞分簇射孔联作压裂工艺。

6.1.2 地面"L"型水平井分段压裂装备型号及参数

优选分段压裂工艺后,需要对压裂工具串优选,依据套管尺寸、承压要求及储层温度等条件,优选免钻大通径复合桥塞。免钻大通径复合桥塞是结合了传统大通径桥塞及复合桥塞优势的新一代桥塞,具有双向锚定、大通径、可快速钻磨实现全通径等优点,能够满足压裂完成后迅速排液投产的需求,同时也可根据后期的生产测井或重复压裂需求实现选择性钻磨。免钻大通径复合桥塞示意图如图6.1.5所示。

图 6.1.5 免钻大通径复合桥塞

根据地面压裂示范大排量要求,结合压裂施工实况,装备选择及参数详见表6.1.5。

表 6.1.5 煤矿地面"L"型水平井分段压裂装备表

施工条件	装备名称	规格/型号	数量
清水排量不大于 5 m³/min,工作压力不大于 50 MPa	主压车	2500 型	6 台
	混砂车	额定清水排量 16 m³/min	1 台
	仪表车	—	1 台
	压裂井口	KQ130-70 型	1 套
清水排量不大于 8 m³/min,工作压力不大于 50 MPa	主压车	2500 型	8 台
	混砂车	额定清水排量 16 m³/min	1 台
	仪表车	—	1 台
	压裂井口	KQ130-70 型	1 套
清水排量不大于 12 m³/min,工作压力不大于 70 MPa	主压车	2500 型	10～12 台
	混砂车	额定清水排量 16 m³/min	2 台
	仪表车	—	1 台
	压裂井口	KQ130-105 型	1 套

6.2 井下顶板定向长钻孔水力压裂技术与装备

彬长矿区地质条件复杂,随着开采进行,各矿井频繁遭受冲击地压扰动,其中又以孟村煤矿较为典型,孟村煤矿开采的4煤层均厚16 m,埋深普遍超过了700 m,最大水平主应力31.46 MPa,属高地压型煤层,中央大巷附近赋存有DF29大断层,其延展长度约3 km,较大的褶曲构造为B2背斜、X1向斜。中央大巷区构造分布情况如图6.2.1所示。

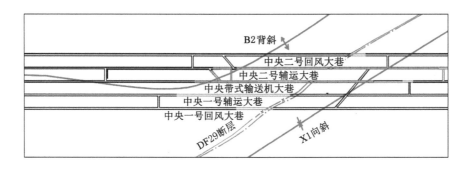

图 6.2.1　中央大巷区构造分布情况

孟村煤矿频繁遭受冲击的原因是地质缺陷和工程扰动,中央大巷区受到"断层-褶曲"复合构造影响(断层落差大),断层附近围岩破碎、应力集中,由于断层具有屏障作用,切断了上下盘的联系,作为矿井主要运输及通风枢纽的 5 条中央大巷围岩内集中静载荷分布及应力演化规律异常复杂,应力集中程度增加,断层破碎带以及与大巷之间的围岩稳定性不足,承载力丧失。孟村煤矿在掘进及服务期间多次发生冲击地压,严重影响矿井的正常生产,造成巨大的经济损失。

6.2.1　井下顶板定向长钻孔水力压裂技术方案

钻场处于中央带式输送机大巷里程 600 m(中央胶带大巷二部带式输送机机头硐室以西 239 m)的位置,压裂泵组与钻场距离大于 30 m 以上,设计位于钻场东侧 70 m。钻场布置钻孔 5 个,合计进尺约 2 115 m,拟压裂进尺约 1 500 m,依据中央大巷区南侧地层柱状图设计 1#～5# 钻孔终孔位置均在大巷区段煤柱上方顶板约 45 m 高度处,如图 6.2.2 所示。1# 钻孔、2# 钻孔、3# 钻孔、4# 钻孔间距 40 m,5# 钻孔位于大巷保护煤柱上方,与 4# 钻孔间距 70 m。设计采用大流量压裂泵(BRW500,3BZ9.8/70-250)来进行后退式分段水力压裂,分段距离 15 m 左右,分段压裂时间不小于 30 min。

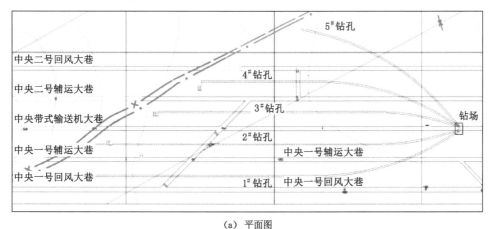

(a) 平面图

图 6.2.2　井下顶板定向长钻孔布置平面图及剖面图

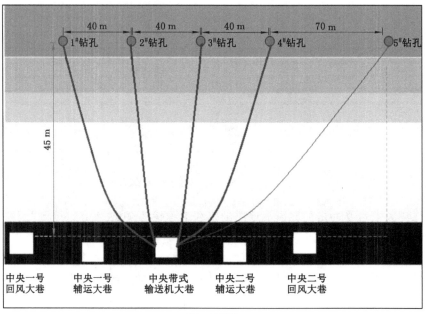

（b）剖面图

图 6.2.2 （续）

井下顶板定向长钻孔设计参数如表 6.2.1 所列。

表 6.2.1 井下顶板定向长钻孔设计参数

钻孔分组	钻孔编号	设计长度/m	终孔高度/m
大巷间煤柱上方	1#	600	45
	2#	580	45
	3#	530	45
	4#	490	45
大巷保护煤柱上方	5#	465	45

井下顶板定向长钻孔施工方案如下：

施工流程：固定钻机→连接压裂工具串→开动压裂泵→管路测压→封隔压裂→稳压注水→停泵放水与检测→退管柱→下分段压裂作业。

压裂采用倒退式分段压裂法，分段间距约 15 m（具体根据现场钻孔内坐封情况调整），钻孔拐弯段进行选择性压裂，钻孔内压裂工具串安装示意图如图 6.2.3 所示。压裂过程中初始裂缝起裂后水压会有所下降，继而进入保压阶段，在这个阶段，裂缝扩展的同时伴随着新裂缝的产生，利用电磁流量计监测水流量及注入的水量，保证顶板岩层充分破裂软化。压裂过程中观测邻近长钻孔及周围顶板出水情况，压裂时间一般不少于 30 min。

6.2.2 装备型号及参数

压裂装备主要使用到钻机、高压压裂泵、水箱、变频器等，压裂装备系统图如图 6.2.4 所示。

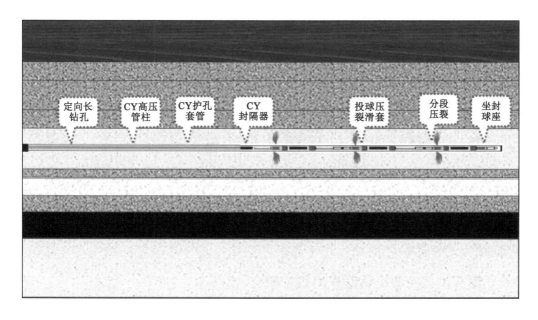

图 6.2.3　钻孔内压裂工具串安装示意图

图 6.2.4　压裂装备系统图

其他装备具体型号及参数如下：

① 双履带式全液压定向钻机（ZYWL-6000DS）：尺寸 3 700 mm×1 450 mm×2 100 mm（长×宽×高）；电机功率 75 kW，电压等级 660/1140 V。

② 履带泥浆泵车：尺寸 2 140 mm×1 150 mm×1 450 mm（长×宽×高）；螺杆马达

(cctegxian-ϕ89-5)2 根；电机功率 55 kW，电压等级 660/1 140 V。

③ 高韧性螺旋钻杆(ϕ73 mm，长度 3.0 m)230 根。

④ 胎体式复合片钻头(FTP96 四翼平底定向钻头)6 只。

⑤ 加强型螺旋扩孔钻头(PDCKϕ153)4 只；水辫(ϕ73 mm)4 个。

⑥ 其他钻孔配件及备件。

6.3 煤层大直径钻孔卸压技术与装备

根据冲击地压不同载荷源的位置及成因，采用不同解危方法对其进行处理，由孟村煤矿深部构造区多巷掘进冲击地压发生机理可知，在掘进期间孟村煤矿冲击载荷源主要为静载荷，针对该冲击地压发生机理及掘进工作面的生产特点，孟村煤矿采取煤层大直径卸压钻孔对掘进巷道进行卸压。

6.3.1 煤层大直径卸压钻孔作用机制研究

(1) 卸压钻孔的"喇叭"状塑性区作用原理

在岩体内开掘巷道或者打钻孔后会在巷道或钻孔围岩中发生应力重新分布并在巷道围岩浅部出现塑性破坏区，巷道两侧切向应力增高所导致的支承压力区即为潜在的冲击危险区域。

根据弹塑性力学理论，在平面应变条件下巷道围岩塑性区半径 $R_{p巷}$ 的表达式为：

$$R_{p巷} = r_a \left[\frac{2p_0(\xi-1) + 2\sigma_c}{\sigma_c(\xi+1)} \right]^{\frac{1}{\xi-1}} \tag{6.3.1}$$

钻孔钻出后，同样会在孔壁周边形成弹塑性分区，其塑性区半径 $R_{p钻}$ 的表达式为：

$$R_{p钻} = r_{钻} \left[\frac{2p_r(\xi-1) + 2\sigma_c}{\sigma_c(\xi+1)} \right]^{\frac{1}{\xi-1}} \tag{6.3.2}$$

由此可知，沿钻孔的钻进方向钻孔周围塑性区半径的变化规律为：

$$R_{p钻} = \begin{cases} \dfrac{r_{钻}}{r_a} \left(\dfrac{2\xi}{\xi+1} \right)^{\frac{1}{\xi-1}} r, & r \leqslant R_{p巷} \\[3mm] r_{钻} \left\{ \dfrac{2}{\xi+1} \left(1 + \dfrac{\xi-1}{\sigma_c} p_0 \right) + \dfrac{2}{\xi+1} \left[\dfrac{\xi-1}{\sigma_c} p_0 - \left(\dfrac{R_{p巷}}{r_a} \right)^{\xi-1} + 1 \right] \dfrac{R_{p巷}^2}{r^2} \right\}^{\frac{1}{\xi-1}}, & r > R_{p巷} \end{cases} \tag{6.3.3}$$

式中 $\xi = \dfrac{1+\sin\varphi}{1-\sin\varphi}, \sigma_c = \dfrac{2c\cos\varphi}{1-\sin\varphi}$；

φ——煤岩体内摩擦角；

c——煤岩体内聚力；

r——钻孔点至巷道圆心的距离；

r_a——巷道半径；

$r_{钻}$——钻孔半径；

p_0——巷帮未受扰动时的原始垂直应力；

p_r——钻进后钻孔侧向垂直应力。

由式(6.3.3)可以发现,自弹塑性分界面以深,孔周塑性区半径与孔深呈负相关的幂函数关系。将孟村煤矿冲击地压煤层的相关物理力学参数代入式(6.3.3)并用 Origin 软件拟合出当 $r>R_{p巷}$ 时的孔周塑性区半径变化曲线,如图 6.3.1。

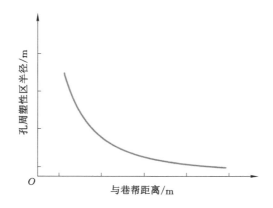

图 6.3.1 孔周塑性区半径变化拟合曲线($r>R_{p巷}$)

由图 6.3.1 可知,从支承压力峰值以深,塑性区围绕钻孔呈"喇叭"状分布且其塑性区半径最大值在支承压力峰值处出现。可见,施工卸压钻孔后的巷道围岩的塑性区将由两部分组成,即巷道开挖所导致的巷周塑性区和卸压钻孔所导致的孔周"喇叭"状塑性区,如图 6.3.2 所示。在"喇叭"口处的塑性区可有效降低该范围内煤体支承压力,促使高水平的静载荷集中区得到转移,从而较为均匀地分布在实体煤中。根据深部构造区多巷掘进的冲击地压发生机理,这将使煤体中基础静载荷得到较为缓和的释放,防止局部静载荷过于聚集而引发冲击。

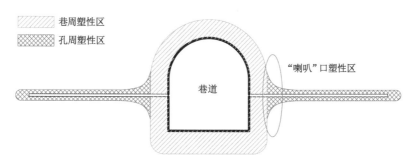

图 6.3.2 巷道及卸压钻孔塑性区分布剖面图

在整个过程中要考虑钻孔在煤体上所产生的应力以及在模型计算中的径向和切向应力值,同时还需要考虑煤体材料和强度值。之后则需要考虑钻孔卸压所导致的煤体变形量与原始量,其比值也被称为卸压系数。卸压系数越大表明钻孔与煤体之间的间距很小,相应的卸压效果也越好[185-187]。

（2）基于钻孔变形监测的卸压钻孔作用过程研究

钻孔卸压主要通过钻孔自身的变形破坏实现对围岩应力及弹性能的释放,钻孔施工完毕后,钻孔变形量与卸压效果呈正相关关系,因此可通过监测钻孔变形量对卸压效果进行跟踪,相关数据对于钻孔参数设计、优化及其卸压时效性评判具有重要指导意义。

① 卸压钻孔变形的"三阶段"特征

利用容积式钻孔变形监测仪在孟村煤矿 401101 措施巷对巷帮的卸压钻孔进行了长达 9 个月的变形监测。

根据监测结果,可以发现,当钻孔在实体煤中钻进完成后,其变形可分为三个阶段:钻孔塑性区形成阶段、钻孔弹塑性区调整阶段和变形稳定阶段,且巷道围岩塑性区内的钻孔具有典型的"三阶段"特征,如图 6.3.3 所示。

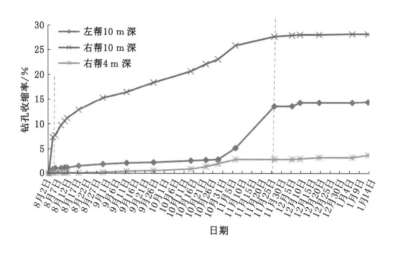

图 6.3.3 卸压钻孔变形的"三阶段"特征曲线

第一阶段(钻孔塑性区形成阶段):该阶段即图 6.3.2 中"喇叭"状塑性区的形成过程,当钻孔完成开挖时,钻孔围岩浅表将经历由弹性应力状态转变为塑性应力状态的过程,由图 6.3.3 可见,该过程持续 3～4 d,变形曲线的斜率相对较大,且深部围岩(10 m 左右)的变形速率明显大于浅部围岩(4 m 左右)的变形速率。这说明钻孔塑性区形成阶段具有持续时间短、围岩径向变形快、深部快于浅部的特点,钻孔收缩率可在数日之内达到 5%～10%。

第二阶段(钻孔弹塑性区调整阶段):钻孔围岩形成弹塑性分区之后将进行一定时间的应力分布调整,该阶段钻孔缓慢变形、缩孔,钻孔周围裂隙不断发育,4 个月后钻孔收缩率基本稳定在 10%～30% 之间。可见,第二阶段相对第一阶段持续时间更长、钻孔收缩率更大,收缩速度则相对较小。

第三阶段(变形稳定阶段):在钻孔围岩经历了第一阶段和第二阶段两个阶段的演化和调整后钻孔收缩基本停止,钻孔围岩进入稳定平衡状态。

可见,卸压钻孔在施工完成后并非恒处于收缩过程,而是经历一定时间和过程后进入稳定状态,在无动载荷扰动的情况下该稳定状态具有可持续性。在孟村煤矿,钻孔收缩变形即第一阶段和第二阶段的持续时间约 4 个月。

② 迎头卸压钻孔的"四阶段"特征及施工原则

由于迎头卸压钻孔必然会经历掘进工作的扰动作用,故其变形演化特征既具有卸压钻孔普遍呈现的"三阶段"特征,又有其独特的第四阶段,即掘进扰动下的耗能阶段。

第四阶段(掘进扰动中耗能阶段):掘进巷道超前影响至此后,剩余的 70%～90% 钻孔在超前应力作用下加速变形耗能,如图 6.3.4 所示。

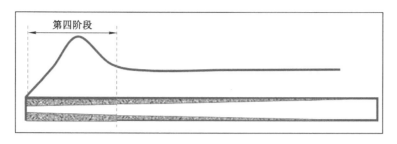

图 6.3.4 迎头卸压钻孔的"第四阶段"示意图

迎头卸压钻孔与瓦斯抽采孔类似,采掘扰动前应预先布置钻孔,使其进行充足的变形耗能,其变形耗能效率与煤层应力、煤层强度和钻孔大小有关。稳定后的钻孔为迎头煤体能量剧烈释放继续提供空间。经过第一阶段和第二阶段的变形耗能后,可减少第四阶段的耗能压力,避免超前应力影响过度剧烈、钻孔变形不及时而发生冲击的问题。

基于迎头卸压钻孔"四阶段"变形特征,可以得到迎头卸压钻孔设计和施工时应遵循的原则,如下。

在保持钻孔角度的前提下,钻孔设计深度应尽可能加大。

足够长度的钻孔可为其提供充足的变形耗能时间,最大限度地提升第一阶段和第二阶段的耗能效果。在无动载扰动的理想条件下,孟村煤矿迎头卸压钻孔的施工深度可大于该掘进工作面 4 个月的掘进进尺,若小于该数值,则会造成当钻孔还未进入变形稳定阶段即被"掘掉",导致钻孔不能尽其用。以掘进进尺 3.5 m/d 计算,迎头卸压钻孔的施工深度不宜小于 420 m。而实际上,普通地质钻机在钻进深度过大后会产生钻头"沉钻"的现象而导致卸压钻孔出离设计掘进断面而失效。故而该原则可以总结为:在保证卸压钻孔位于设计掘进断面的前提下,尽可能增大迎头卸压钻孔的深度。

钻孔设计直径应以大为宜。

钻孔进入第三阶段后,应仍然留有剩余足够的变形空间。当钻孔变形至闭合,如图 6.3.5 所示,则必须补打钻孔,为第四阶段提供变形耗能空间。前两阶段的变形耗能总量应通过现场实测得到,可在帮部深孔内埋设容积式钻孔变形监测仪进行实测。进入稳定阶段时钻孔的直径越大越好,孟村煤矿应保证卸压钻孔孔径不小于 113 mm。

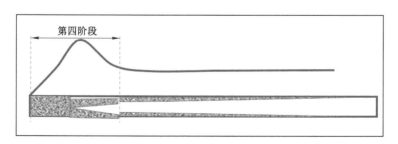

图 6.3.5 第四阶段部分闭合示意图

应在钻孔剩余深度不小于第一阶段掘进进尺量时补打下一轮卸压钻孔。以 3.5 m/d 的掘进进尺为例,孟村煤矿应当在迎头卸压钻孔还剩余不小于 14 m 时补打下一轮卸压钻孔。

为使钻孔最大限度地进行变形耗能,起作用的钻孔至少应已经完成第一阶段的演化。若实际留设深度 L_1' 小于第一阶段掘进进尺量 L_1,则在掘进过程中必然有长度为 L_1-L_1' 的围岩内静载荷释放不足,该段发生冲击的可能性对应上升。在孟村煤矿,第一阶段持续时间约 3~4 d,则钻孔留设深度不应小于 3~4 d 掘进进尺量。图 6.3.6 为钻孔合格留设深度和不合格留设深度对比图。

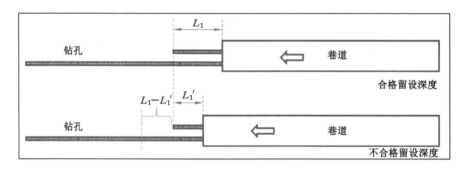

图 6.3.6　钻孔合格留设深度和不合格留设深度对比图

6.3.2　煤层大直径卸压钻孔参数优化

在高应力作用下,卸压钻孔表面围岩的应力状态由三向应力状态变为平面应力状态而产生破坏,从而使煤岩体产生"喇叭"状的弱化区,弱化后的煤岩体无力支承高水平的集中载荷而迫使其向巷道深部围岩转移,由此达到降低巷道围岩冲击危险性的目的。钻孔卸压的效果受施工地点地质条件、煤岩体物理力学性质以及钻孔施工参数如孔深、孔径、孔间距、钻孔布置方式等的影响,各参数的取值应根据巷道所在煤层的物理力学参数和巷帮侧向支承压力分布形态加以确定。

（1）钻孔深度的确定

根据钻孔"喇叭"状塑性区卸压机理可知,钻孔卸压的关键作用部位在于"喇叭口"塑性区处,因此钻孔深度应不小于支承压力峰值的影响深度。一般认为,支承压力区的边界可以取高于原岩应力的 5% 处作为分界点。根据弹塑性力学可求得巷帮支承压力的分界点至巷道圆心的距离约 9.85 m,孟村煤矿巷道半径约 2.14 m,则其钻孔深度不小于 7.71 m。

（2）钻孔间距的确定

当相邻钻孔的卸压区相互连通后便可在巷帮煤体内形成连续的卸压带,从而达到对冲击危险区域进行解危的目的。

为探究孟村煤矿具体地质条件下巷帮钻孔的最佳钻孔间距,采用 FLAC3D 软件对不同钻孔间距时巷帮煤壁中的应力分布情况进行了模拟。

模型尺寸为 6 m×1 m×4 m（长×宽×高）,钻孔围岩网格加密。钻孔直径均取 113 mm,并分别研究当钻孔间距为 0.5 m、0.7 m、1.0 m、1.2 m、1.4 m 时的卸压效果,其卸压效果用莫尔相当应力加以表示。莫尔相当应力是按照莫尔强度理论所得到的强度条件,它反映了材料在复杂应力状态下发生破坏的危险程度,因该参量对于单轴抗拉和抗压强度差异较大的材料具有较好的适用性,故将用其研究煤体施工钻孔后的围岩冲击危险状态,模拟结果如图 6.3.7 所示。

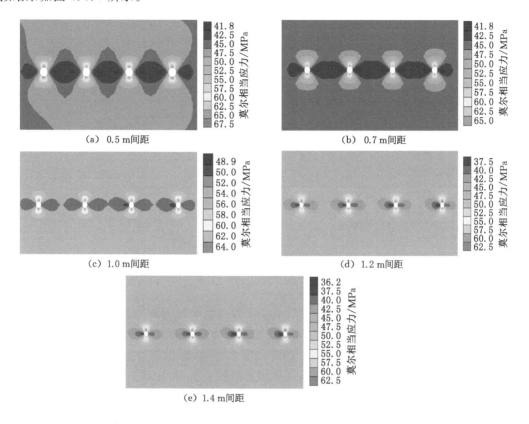

图 6.3.7 不同钻孔间距时莫尔相当应力云图

观察上述云图可知,在孟村煤矿水平应力主导的应力场条件下,钻孔两侧产生了卸压区,而钻孔的上下侧则产生了一定范围的应力集中区。对比不同钻孔间距条件下的莫尔相当应力分布规律可知:① 当钻孔间距为 0.5 m 时,各个钻孔的卸压区相互连通为一个范围相对很大的应力降低区。同时钻孔上下侧的应力集中区也相互连通,显然这对降低围岩冲击危险性是不利的,应当避免采用此间距施工。② 当钻孔间距为 0.7 m 时,各个钻孔卸压区相互连通而应力集中区并没有扩大。③ 当钻孔间距为 1.0 m、1.2 m 和 1.4 m 时钻孔卸压区未能连通,这将一定程度降低钻孔的卸压效果。

综上所述,在孟村煤矿具体地质条件下钻孔间距取 0.7 m 时可实现钻孔卸压区域的相互联合并避免应力集中区的扩大,是较为理想的钻孔间距,0.5 m 间距时各钻孔应力集中区相互贯通,故而应避免采用 0.5 m 间距施工。

(3)钻孔布置方式的确定

对于不同的钻孔布置方式,由于钻孔彼此距离和方位的不同,卸压区和应力集中区的整体分布情况将有所不同,且必然导致卸压效果的差异。按照控制变量的原则,在考察不同布置方式的卸压效果时,应当保持各钻孔间的距离不变。根据上述研究结论,在钻孔间距为

0.7 m 时对单排布置、"三花"布置、四方布置三种布置方式进行莫尔相当应力和弹性应变能的考察,各布置方式示意图如图 6.3.8 所示。

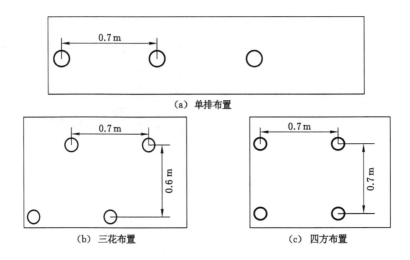

图 6.3.8　钻孔布置方式示意图

① 以莫尔相当应力为观测量进行评价

在单纯利用最大主应力、最小主应力、垂直应力或水平应力评价卸压效果时,常常出现一种应力升高而另一种应力降低的情况,使得卸压效果难以评判。而煤岩体破坏与否取决于煤岩体的本身物理力学属性及其所处的三向应力环境,莫尔相当应力 σ_M[见式(6.3.4)] 可巧妙地结合煤岩体物理力学属性与应力环境之间的关系,相比单一的应力参量其评价结果无疑更具说服力。

$$\sigma_M = \sigma_1 - \frac{\sigma_t}{\sigma_c}\sigma_3 \tag{6.3.4}$$

式中　σ_1——煤岩体最大主应力;

σ_3——煤岩体最小主应力;

σ_t——煤岩体的抗拉强度;

σ_c——煤岩体的抗压强度。

利用 Fish 语句提取了三种布置方式下钻孔围岩莫尔相当应力的分布情况,结果显示,不同布置方式的卸压钻孔均会同时产生一定程度的莫尔相当应力升高和降低且应力升高和降低区域的分布特点各不相同。

定义应力值高出原岩应力值 5% 的围岩区域为应力集中区,低于该值 95% 的围岩区域为应力降低区,对应力集中区和应力降低区的总面积、单孔的作用面积和单位长度巷道应力降低区面积、应力集中区面积进行统计和对比,如图 6.3.9 和图 6.3.10 所示。

由图 6.3.9 可知,单排布置、"三花"布置、四方布置三种布置方式的单孔应力降低区面积依次减少而单孔应力集中区面积却依次增加;同时,当且仅当采取单排布置时钻孔的单孔应力降低区面积大于其单孔应力集中区面积,从而说明了单排布置的卸压效率要优于其他两种布置方式的。

图 6.3.10 显示,相比单排布置而言,"三花"布置和四方布置均能一定程度地增加单位

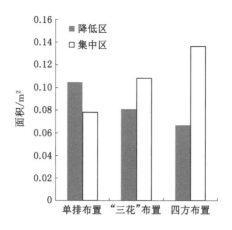

图 6.3.9　单孔应力降低/集中区面积柱状图

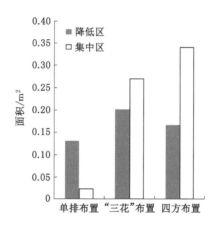

图 6.3.10　单位长度巷道应力降低/集中区面积柱状图

长度巷道的应力降低区面积(不超过 60%),然而应力集中区面积却大幅度地攀升(分别增加至原来的 13.5 倍和 17.0 倍),因而可认为,采取"三花"布置或者四方布置对于冲击地压的防治是不合理的。

② 以围岩弹性应变能为观测量进行评价

模型平衡后,分别对三种布置方式下的能量积聚区和能量释放区的总面积、单孔的作用面积和单位长度巷道能量释放/积聚区面积进行计算和对比,如图 6.3.11 和图 6.3.12 所示。

由图 6.3.11 可知,单排布置、"三花"布置、四方布置三种布置方式的单孔能量释放区面积依次减少而单孔能量积聚区面积却依次增加,即从卸压的效率来看,单孔布置要明显优于其他两种布置方式。

由图 6.3.12 可知,单排布置、"三花"布置、四方布置三种布置方式的单位长度巷道能量释放区面积依次减少而单位长度巷道能量积聚区面积却依次增加,可见,单排布置是钻孔释放围岩中的弹性应变能并最大限度避免能量不合理积聚的最佳布置方式。

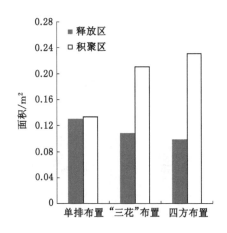

图 6.3.11　单孔能量释放/积聚区面积柱状图

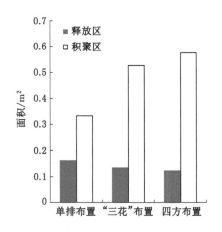

图 6.3.12　单位长度巷道能量释放/积聚区面积柱状图

综合对不同钻孔布置方式围岩莫尔相当应力和弹性应变能的分布规律的分析可以证明,在孟村煤矿具体地质条件下,单排布置为钻孔卸压的最优布置方式。

6.3.3　煤层大直径钻孔卸压装备

煤层大直径钻孔卸压装备主要包括钻机、液压装备、冷却装备等。其中钻机具体型号及参数如下:

① ZDY4000LR 型煤矿用履带式全液压坑道钻机(图 6.3.13),外形尺寸 4.94 m× 1.25 m×2.15 m(长×宽×高),钻孔深度可达 350 m,钻孔直径 73 mm,电机功率 55 kW。

② ZDY4600LX 型双履带式液压钻机,钻孔深度可达 400 m,钻孔直径 73 mm,电机功率 55 kW。

上述钻机均配备了相应的钻杆等工具,能确保在进行煤层大直径钻孔卸压作业时具备足够的工具储备,可以满足各种施工需求和应对不同的地质条件。

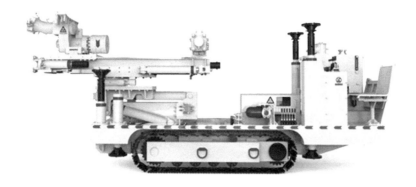

图 6.3.13　ZDY4000LR 型煤矿用履带式全液压坑道钻机

6.4　煤层爆破卸压技术与装备

6.4.1　爆破卸压参数理论分析

爆破卸压后,在爆破点周围依次形成爆腔、破碎区、裂隙带和震动区,其中卸压作用带为破碎区和裂隙带,破碎区半径一般为装药半径的 2～3 倍,裂隙带半径 R_T 可由下式求得[188]:

$$R_T = R_0 \left(\frac{\lambda P_r}{\sigma_t} \right)^{\frac{1}{\alpha}} = R_0 \left[\frac{\lambda \rho_m C_p (C_p - a)}{b \sigma_t} \right]^{\frac{1}{\alpha}} \tag{6.4.1}$$

式中　$\lambda = \mu / (1 - \mu)$;

$\quad\quad \mu$——泊松比;

$\quad\quad R_0$——破碎区半径;

$\quad\quad \alpha$——应力波衰减指数;

$\quad\quad \sigma_t$——抗拉强度;

$\quad\quad a, b$——由实验确定的常数,取值见文献[189];

$\quad\quad \rho_m$——原岩密度;

$\quad\quad C_p$——岩石中弹性纵波波速;

$\quad\quad P_r$——应力波初始峰值压力。

P_r 随距离 $\bar{r}$ 的衰减关系可近似表示为[190]:

$$P_r = \frac{P_d}{r^3} \tag{6.4.2}$$

式中　P_d——装药周围岩石的压力。

当耦合装药时:

$$P_d = \frac{\rho_0 \rho_m C_p D^2}{2(\rho_m C_p + \rho_0 D)} \tag{6.4.3}$$

当不耦合装药时:

$$P_{\mathrm{d}} = \frac{n\rho_0 D^2}{8}\left(\frac{r_{\mathrm{c}}}{r_{\mathrm{b}}}\right)^b \tag{6.4.4}$$

式中 ρ_0——炸药装药密度；

      D——炸药爆速；

      r_{c}——装药半径；

      r_{b}——炮孔半径；

      n——由于爆生气体产物碰撞孔壁而引起的压力增大倍数，一般取为 8。

6.4.2 掘进工作面煤层爆破卸压

孟村煤矿掘进期间常规爆破卸压技术方案如前文所述，本小节作为补充，讲述冲击地压局部爆破卸压技术方案及掘进期间监测预警后爆破卸压的解危方案。

（1）迎头爆破卸压

当迎头处堆煤或者掘进机位置难以调整时，安装履带液压钻机有困难，可选择爆破卸压。

采用正"三花"与倒"三花"交替施工方式开展卸压时，要始终满足掘进工作面迎头具有不小于 5 m 的超前卸压距离。当贯通距离小于 30 m 时，不得采用迎头爆破卸压。若迎头爆破卸压实施后，掘进工作面依然动力显现明显，需根据实际情况，及时调整设计参数，以保障掘进安全。图 6.4.1 为掘进工作面迎头爆破卸压钻孔布置平面图。

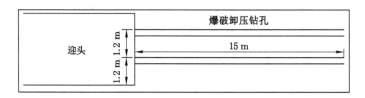

图 6.4.1 掘进工作面迎头爆破卸压钻孔布置平面图

钻孔按照要求施工完成后，每孔装 2 发雷管，采用"孔内并联、孔间串联"的连线方式，正向装药。装药期间使用黄泥、水炮泥等材料进行封孔。确认掘进工作面超前爆破所用炸药完全起爆后，方可恢复掘进。

（2）巷帮爆破卸压

一般情况下在巷帮采用大直径钻孔卸压，当巷帮附近无法安装履带液压钻机时，可选择巷帮爆破卸压。

钻孔按照要求施工完成后，每孔装 2 发雷管，采用"孔内并联、孔间串联"的连线方式，正向装药，单次爆破炮孔数目不得超过 4 个，需要根据现场支护及变形情况进行调整。装药完成后使用黄泥、水炮泥等材料进行封孔。

（3）底板爆破卸压

在划定的冲击危险区范围内掘进时，采取的底板爆破卸压方案如第 5 章所述一致。

（4）掘进期间监测预警后解危方案

依据冲击地压实时监测系统（微震系统、地音系统）的监测结果，当某一区域出现冲击危险预警时，下达停工通知，对该预警区域的巷帮和底板实施爆破解危措施，其中迎头及巷帮爆破卸压钻孔孔底留有 2 m 的空气柱,并根据现场情况及时对爆破参数进行优化。爆破卸压钻孔解危设计参数如表 6.4.1 所列。

表 6.4.1　爆破卸压钻孔解危设计参数

施工位置	孔深/m	钻孔倾角/(°)	孔径/mm	孔间距/m	装药量/kg	装药长度/m	封孔长度/m
巷道迎头(单孔)	15	同巷道	75	—	16.5	6	7
巷道两帮	15	5	75	8	16.5	6	7
巷道两底角	10	−20	75	8	11.0	4	6

6.4.3　采煤工作面煤层爆破卸压

由于运输巷胶带的限制,无法实施巷帮大直径卸压钻孔进行卸压,故在划定的强冲击危险区域回采时,在运输巷两帮实施巷帮爆破卸压,钻孔倾角 5°,孔径 56 mm,孔深 15 m,装药量 7 kg,封孔长度 7.5 m,孔间距 4 m,见表 6.4.2 及图 6.4.2。当卸压效果及效率不理想时,需根据现场实际情况,对巷帮爆破卸压参数进行优化。

表 6.4.2　巷帮爆破卸压钻孔设计参数

施工位置	孔深/m	钻孔倾角/(°)	孔径/mm	孔间距/m	装药量/kg	封孔长度/m
运输巷两帮	15	5	56	4	7	7.5

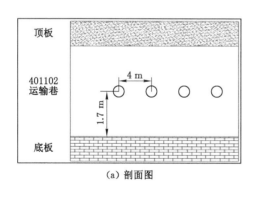 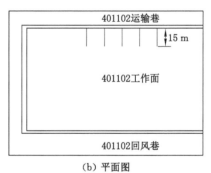

(a) 剖面图　　　　　　　　　　(b) 平面图

图 6.4.2　巷帮爆破卸压钻孔布置示意图

6.4.4　煤层爆破卸压装备

煤层爆破卸压装备主要包括煤矿用深孔钻车、高压空气压缩机、钻杆及钻头、爆破器材、排渣装备和安全监测装备等。其中煤矿用深孔钻车具体型号及参数如下:

① CMS1-1200/30A 型煤矿用深孔钻车,外形尺寸 4.30 m×1.17 m×2.25 m(长×宽×

高),钻孔深度可达 200 m,钻孔直径 73 mm,电机功率 30 kW。

② CMS1-1300/30 型煤矿用深孔钻车(图 6.4.3),外形尺寸 2.52 m×0.80 m×1.60 m (长×宽×高),钻孔深度可达 200 m,钻孔直径 42 mm,电机功率 22 kW。

图 6.4.3　CMS1-1300/30 型煤矿用深孔钻车

煤矿用深孔钻车能够精准施工煤层爆破卸压钻孔,配备的高质量钻杆可以确保煤层爆破卸压作业的顺利进行。

6.5　水射流旋切技术与装备

6.5.1　"钻-切-压"一体化施工流程

(1)施工钻孔:利用钻机在指定位置,按照设计角度施工水力压裂孔。

(2)高压水射流切缝:在不退钻杆的前提下,通过转换装置切换至高压水射流状态,在坚硬顶板位置进行高压水射流切缝,切缝过程中观察流水浑浊度,待水流变清澈后停止切缝。

(3)定点压裂:撤出钻杆,在钻杆前部安装封隔器,缓缓将封隔器送至最里侧的切缝位置,采用后退式单孔多次压裂。若顶板出现异响和大面积出水,及时停止压裂。压裂时间根据水压变化和岩层出水情况调整。

通过"钻-切-压"一体化防冲技术进行顶板弱化,可以破坏厚硬岩层的完整性,改变其物理属性,降低其强度,使局部应力释放,有效降低其冲击性,使得工作面回采后顶板能够及时垮落,降低应力集中程度,减弱基础静载荷以及动载荷增量,从而保证工作面安全回采。

6.5.2　高压水射流切缝关键装备

高压水射流切缝关键装备主要由水箱、高压水泵、控制台、钻机、钻杆、切缝器以及钻头组成,如图 6.5.1 所示,其现场施工作业图如图 6.5.2 所示。

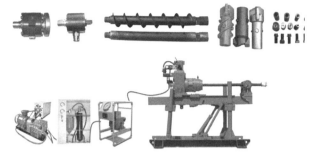

图 6.5.1 高压水射流切缝关键装备

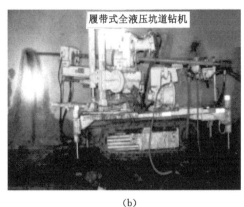

（a） （b）

图 6.5.2 高压水射流切缝关键装备现场施工作业图

6.6 防冲支架超前支护技术与装备

支架是以液压为动力实现升降、前移等运动,进行顶板支护的装备,是实现煤矿安全高效生产的关键因素。对各种机械化开采的煤层实现快速、安全可靠的两巷超前支护具有重大意义,同时也解决了工人搬抗单体支柱的传统落后生产模式。普通支架及工作面巷道支护形式在煤层受到静载荷作业时可以有效控制围岩变形,但对突发动载荷控制较差,而防冲支架可以有效减小动载荷对工作面巷道的不良影响。

6.6.1 防冲支护理论分析及支架工作原理

基于冲击地压扰动响应失稳理论[112],得:

$$\frac{P_{cr}}{\sigma_c} = \frac{1}{m-1}\left\{K\left[1+\frac{1}{K}+\frac{1}{K}(m-1)\frac{P_s}{\sigma_c}\right]^{\frac{m+1}{2}} - K - 1\right\} \quad (6.6.1)$$

式中 P_{cr}——巷道冲击地压发生的临界应力;

K——围岩冲击能量指数;

σ_c——围岩抗压强度;

P_s——巷道支护应力;

m——与围岩内摩擦角 φ 有关的系数,见式(6.6.2)。

$$m = \frac{1+\sin\varphi}{1-\sin\varphi} \tag{6.6.2}$$

一般情况下,围岩内摩擦角 φ 取 $30°$,则式(6.6.1)可简化为:

$$P_{cr} = \frac{\sigma_c}{2}\left(1+\frac{1}{K}\right)\left(1+\frac{4p_s}{\sigma_c}\right) \tag{6.6.3}$$

式(6.6.3)揭示了各个参量对巷道冲击地压临界条件的影响,从中可以看出,巷道支护应力 P_s(亦支护强度)对巷道冲击地压发生的临界应力 P_{cr} 有显著影响,即提高巷道支护应力 P_s,能够以 4 倍的放大作用提高巷道冲击地压发生的临界应力,由此认为,增加支护应力可以有效防治巷道冲击地压。

由冲击地压巷道支护理论研究[191]可得:

$$\boldsymbol{M}\ddot{r}(t) + \boldsymbol{C}\dot{r}(t) + \boldsymbol{K}\left[r(t)+\delta\right] = \boldsymbol{P}_0 + \boldsymbol{P}(t) \tag{6.6.4}$$

式中　$\boldsymbol{M}$——质量矩阵;

　　　$\boldsymbol{C}$——阻尼矩阵;

　　　$\boldsymbol{K}$——刚度矩阵;

　　　$\boldsymbol{P}_0$——静载矩阵;

　　　$\boldsymbol{P}(t)$——冲击载荷矩阵;

　　　$r(t)$——块系岩体的位移;

　　　$\dot{r}(t)$——块系岩体位移的一阶导数;

　　　$\ddot{r}(t)$——块系岩体位移的二阶导数;

　　　δ——块系岩体达到静力平衡时的位移;

　　　t——时间。

由式(6.6.4)可得冲击载荷下围岩与支护间的动力耦合关系,进一步分析可以得到巷道支护与围岩的刚度、形变、频率以及速度和能量等方面的协调关系,进而为动载作用下巷道支护设计提供重要依据[192]。

防冲支架可以通过自身的吸能装置吸收突然作用于支架的冲击动能,降低支架承受的能量及外力,即利用吸能装置的变形吸能作用保证支架在冲击载荷作用下的正常支护。图 6.6.1 为门式吸能防冲支架 3D 效果图。

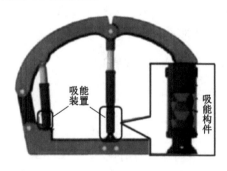

图 6.6.1　门式吸能防冲支架 3D 效果图

由图 6.6.1 可知,门式吸能防冲支架的三根支柱底部均存在吸能装置。冲击动载荷突然作用于支架上部时,吸能装置将能量积蓄在自身,大幅度减少传递至支架的能量,进而缓解支架受到的冲击应力作用,有效降低支架在突发大动能作用下受到破坏的概率,保障工作面巷道围岩安全。

防冲支架实现防冲功能的核心构件是吸能构件。吸能构件在支架受静载荷作用时与液压支柱一起承担支架所受载荷的作用,当支架受到超过工作阻力的外力作用时,支架所受的超过工作阻力的那部分力由吸能构件通过开启安全阀进行排液泄压;当支架突然受到冲击地压产生的传递至工作面的冲击载荷作用时,支架受力远大于工作阻力,安全阀无法及时泄压,但吸能构件能通过自身受力产生的形变吸收冲击动能,遏制冲击载荷对支架的整体破坏,使支架继续安全有效支护[193]。

6.6.2 防冲支架主要机构及其作用

ZD 型巷道超前支护支架(图 6.6.2)主要由金属结构件、液压系统组成,主要金属结构件有顶梁、底座和立柱等。液压系统除了立柱、护壁千斤顶,还包括各种液压控制元件(操纵阀组、安全阀、液控单向阀等)和液压辅助元件(管接头件、胶管等)。支架各结构件之间及结构件与液压元件间均通过销轴、螺栓等连接,管路连接采用快速接头、U 型卡,拆装维护方便。

图 6.6.2 ZD 型巷道超前支护支架

防冲支架由 5 个主要机构组成,不同机构互相配合下,在支护强度上有较大改善,能适应多种压力下的支护要求,现对防冲支架主要机构及其作用介绍如下。

(1) 顶梁

顶梁直接作用在巷道顶板,支撑顶板,承受顶板压力并在巷道宽度范围内保持顶板不下沉,同时保持超前支护段顶板的完整性,为采煤工作面提供足够安全的工作空间,是支架的主要承载部件之一。

顶梁由 4 条主筋、若干条横筋及上、下盖板等组焊成变截面箱形结构。每 2 条主筋夹空内焊有前后共 2 个柱窝,与立柱活柱球头呈球面接触;顶梁前部设有铰接耳。

（2）底座

底座是整个支架的重要承载部件,它的主要作用是将支架承受的顶板压力传递到底板,所以底座既要有足够的刚度和强度,又要满足对底板比压的要求。底座也为箱形结构,共4条主筋,在每2条主筋间设有2个柱窝,分别与立柱缸底呈球面接触。

（3）护壁板

护壁板后端与顶梁上端铰接,前端用千斤顶与顶梁下端铰接,通过护壁千斤顶的伸缩控制护壁板的升起和降落。护壁板主要用来遮挡顶板掉落的煤块和矸石,为行人和操作人员形成安全区域,不起主要支护作用。

（4）伸缩套箱

伸缩套箱可以代替四连杆机构,起到支架的稳定作用,抗扭、抗冲击。

（5）液压系统

支架的液压系统由主进液管、主回液管、各种液压元件、立柱及各种用途千斤顶组成,采用快速接头和U型卡及O型密封圈连接,拆装方便,性能可靠。

6.6.3　401102 工作面巷道支护形式

孟村煤矿 401102 工作面为 401 盘区的第二个采煤工作面,工作面共布置 4 条巷道,分别为运输巷、回风巷、泄水巷和措施巷,对应地表上覆压煤村庄主要包括山庄村、礼村。401102 工作面采用支撑掩护式支架支护工作面顶板,运输巷采用端头支架和超前支架及单体液压支柱配合进行支护,回风巷采用防冲支架进行支护。

（1）401102 运输巷

401102 运输巷采用矩形断面与拱形断面,机头硐室采用拱形断面,净断面尺寸5.2 m×4.0 m(宽×高),采用"锚网索＋U 型棚"联合支护,U 型棚净尺寸 5.2 m×4.0 m(宽×高),架设 U 型棚,全断面铺设双层钢筋网;1 号联络巷往西至回撤通道及设备通道至开切眼位置,巷道采用矩形断面,净断面尺寸 5.4 m×3.5 m(宽×高),采用"锚网索＋槽钢梁"联合支护;自开切眼至向外 1 214 m 位置,在巷道非回采煤墙侧施工水沟,净尺寸0.8 m×0.8 m(宽×高),浇筑混凝土厚度 0.1 m,强度等级不低于 C30。

（2）401102 回风巷

401102 回风巷自 401 盘区辅运大巷至 401102 工作面 3 号联络巷,净断面尺寸 5.4 m×3.5 m(宽×高),采用锚网索喷联合支护,施工地坪,铺底混凝土厚度 0.2 m,水沟位于巷道非回采煤墙侧,净尺寸 0.8 m×0.6 m(宽×高),浇筑混凝土厚度 0.1 m,强度等级不低于C30;自 401102 工作面 3 号联络巷至终采线位置,净断面尺寸 5.4 m×3.5 m(宽×高),采用锚网索喷联合支护,施工地坪,铺底混凝土厚度 0.2 m,水沟位于非回采煤墙侧,净尺寸0.8 m×0.6 m(宽×高),浇筑混凝土厚度 0.1 m,强度等级不低于 C30;自终采线至开切眼位置,净断面尺寸 5.4 m×3.5 m(宽×高),采用"锚网索＋槽钢梁"联合支护,施工地坪,铺底混凝土厚度 0.2 m,水沟位于巷道南侧,净尺寸 0.8 m×0.6 m(宽×高),浇筑混凝土厚度0.1 m,强度等级不低于 C30。

6.6.4　401102 运输巷超前支护方案

（1）支护范围:401102 运输巷端头支护采用一组端头支架及三组超前支架进行支护,端头支架支护范围为转载机尾向前 15 m,运输巷三组超前支架支护范围为开切眼向外 25 m。第一组超前支架向外 80 m 范围内采用两排"单体液压支柱＋铰接梁"支护,总支护长度 120 m。

（2）支护方式:"单体液压支柱＋铰接梁"支护,在顶板破损处背半圆木、钢筋网片。

（3）支护要求:在转载机人行侧距转载机机身 0.2 m 打设一排单体支护。

6.6.5　401102 回风巷超前支护方案

（1）回风巷总体支护

支护范围:回风巷超前支护 200 m。

支护方式:在回风巷采用超前 58 台防冲支架（其中 1 台为绞车支架）进行支护,防冲支架间隙 1.20 m,间距偏差±0.20 m。

支护距离计算:

① 超前 2 台宽体防冲支架,总计支护距离 13.20 m。

② 中部 55 台防冲支架,每台中部防冲支架长度 2.37 m,55 台合计支护距离 2.37×55＝130.35 m。

③ 防冲支架间隙不大于 1.20 m,总共 54 个支架间隙,合计距离 1.20×54＝64.80 m。

综上,回风巷超前支护距离为 13.20＋130.35＋64.80＝208.35 m,其中 208.35 m＞200 m,超前支护距离符合规定。

支护要求:

① 根据实际情况,防冲支架间隙不大于 1.20 m(间距偏差±0.20 m),当间隙超过规定值 1.20 m、顶板压力大、顶板破碎等时,根据现场实际情况采取加强顶板支护,采用"单体液压支柱＋铰接梁"进行加强支护。

② 防冲支架拉移采用绞车拉移方式进行前移,即每次拉移时从靠近工作面侧将最后一架防冲支架（中部支架）抽出,使用绞车将最后一架防冲支架拉至最外侧合适位置进行支护,支护时在防冲支架顶梁上方背 2～3 根木料对顶板锚杆索进行保护,便于后期退锚作业。

（2）上隅角支护

① 支护范围为支架切顶线至防冲支架前。

② 根据巷帮距 105 号支架宽度打设支护:宽度超过 1.0 m 时,要求打设双排"单体液压支柱＋铰接梁"支护,切顶戗柱不少于 4 根;宽度在 0.5～1.0 m 时,打设一排两梁六柱的"单体液压支柱＋铰接梁"支护,切顶戗柱不少于 2 根;宽度小于 0.5 m 时,不打设单体支护。如遇顶板压力大、顶板破碎等时,根据现场实际情况采取加强顶板支护,并制定专项安全技术措施。

6.7　冲击地压安全防护措施

冲击地压是煤矿开采过程中严重的灾害事故,其发生的原因中地质因素、开采技术因素占有重要作用,但是组织管理因素同样具有不可替代的作用。因此必须高度重视组织管理的作用,贯彻"安全第一,预防为主,综合治理"的安全生产方针。

6.7.1　培训教育

通过大力加强防冲组织管理机构建设,加大防冲教育培训力度,增加科研投入,积极引进防冲新装备、新技术,定期组织对外交流学习等措施提升整体防冲专业素质,培养防冲专业人才,逐步形成健全完备的防冲人才队伍建设体系。

(1)制定防冲培训管理制度,全面加强防冲专业培训,成立防冲教育培训领导小组,领导小组下设办公室,办公室设在防冲管理部,办公室主任由防冲管理部负责人兼任。办公室负责组织制订年度防冲知识培训计划,明确培训目标,加强防冲意识培训。

(2)加大防冲专业人员的培训力度,定期对防冲相关作业人员、班组长、技术员、区队长、防冲专业人员与管理人员等进行教育和培训,保证防冲相关人员具备必要的岗位知识和技能。

(3)防冲管理部及防冲队等的防冲专业人员的防冲安全知识和技能培训时间不得少于规定学时。制定相关考核与奖励机制、标准,鼓励相关人员积极参与培训与学习,主动提高相关人员防冲专业领域的知识水平。

(4)定期组织对外学习与交流活动,借鉴与吸收外部单位的先进防冲工作经验与理念,提升防冲专业人员的业务水平;邀请科研院校学者和专家对防冲专业技术工作进行现场指导或讲座培训,提高防冲专业人员对防冲工作的认知水平,拓宽其视野与思路。

(5)加大防冲科研投入,制订防冲科研规划,保证具体科研项目能够落实实施,并联合相关科研单位、高校就矿井防冲科研课题进行合作攻关,定期与相关科研单位、高校就防冲专业领域知识进行沟通与交流,提高防冲专业技术人员的科研意识与攻关能力。

(6)积极引入防冲新装备、新技术,大力推广应用防冲新工艺,通过对新技术、新工艺的探索与实践,提高防冲专业人员的创新意识与能力。

6.7.2 人员管理措施

为保障井下人员生命财产安全,在生产工作期间,应采取以下防冲人员管理措施。

(1)每隔1月(可视冲击地压危险情况而定)对矿井冲击地压情况进行一次综合分析,根据分析情况提出下月防治的重点,并安排进行处理。

(2)在冲击危险区段进行爆破作业时,必须保证躲炮距离和躲炮时间,躲炮半径不小于300 m,躲炮时间不小于 30 min。

(3)悬挂冲击地压危险警示牌,以提醒区域内行走或作业人员注意,尽量减少行走或作业人员在危险区域内的停留时间,另外在冲击地压治理施工场所应悬挂防护网。

(4)当割煤、移架在具有冲击地压危险的巷道端头范围内时,必须及时悬挂警戒牌,严禁任何人员在具有冲击地压危险的巷道内工作或行走。

(5)施工卸压钻孔时,钻机方向与采煤工作面推进方向相反,防止冲击波伤人。

(6)为了保证人员的安全,采煤班与巷修班应分开作业,降低运输巷转载段的人员密度。

(7)具有冲击地压危险的采掘工作面必须设置压风自救系统,并设置发生冲击地压危险时的避灾路线。

6.7.3 个体防护措施

井下工作环境复杂,做好个体防护是井下作业的重点。井下作业时,应采取以下防冲个体防护措施。

（1）采煤机司机、架间清煤工等工作面工作人员应加强自我保护意识，严防工作面发生冲击地压时煤壁大面积片帮。

（2）被评价为强冲击危险的区域不得存放备用材料和设备；巷道内杂物应当清理干净，保持行走路线畅通。

（3）为了避免发生冲击地压时，巷道中码放的材料塌落或弹起伤人，必须将巷道中的备用材料沿巷帮码放整齐，码放高度不得超过 0.8 m，并用钢筋捆扎，固定在巷帮牢固的托梁上。

（4）工作面开切眼拐角煤柱段应采取限人措施，工作人员无特殊情况不得进出。

（5）施工前，当班班长必须认真检查工作地点及其后路出口的安全情况，发现问题及时处理；煤（矸）杂物清理干净，确保后路畅通等。

（6）工作人员严禁摘掉安全帽，不得坐在巷道底板或物料上休息。

（7）监测人员在工作面附近施工时，必须在支护完好地点，先敲帮问顶，摘除危岩、活矸。实施钻孔卸压时，操作人员不准站在与孔内钻具成一条直线的位置上，防止钻杆窜出伤人。

（8）巷道内施工人员不得在以下地点逗留：巷道高度不够处、人行道安全间隙不够处、锚杆失效或其他支护薄弱地点、锚索下方、设备或物料附近、靠近铁质管路处、钻屑法施工区域和钻孔卸压施工区域等。

（9）在危险区域进行卸压解危或其他作业时，作业人员必须按要求穿戴防冲服、防冲帽、防冲眼镜等防护用品。

（10）当出现以下情况时，现场施工负责人应立即停止作业，及时组织人员撤离并汇报防冲办公室和有关领导，采取解危措施：

① 监测煤粉量超过危险煤粉量标准，经校验检测仍超标时；

② 有较大的煤体突出，煤壁突然外鼓；

③ 煤炮频繁，能量明显增强；

④ 顶板下沉速度明显增大（大于 5 mm/d）或出现反弹时；

⑤ 微震系统监测到高能量微震事件或微震事件频繁、密集时，经分析、判断，作业现场具有冲击危险时。

7 彬长矿区冲击地压防治制度保障

陕西彬长矿业集团有限公司坚持管控大风险、治理大隐患、防范大事故,按照顶层设计、对标一流、规范标准、技术领先、系统整治的工作思路,在系统梳理以往治灾经验的基础上,全面引入超前主动治灾和区域治理理念,坚持"一矿一策""一害一策"治灾模式,靶向发力,深入研究多元灾害科学开采技术,加快实现灾害防治工作由分散治理向聚合攻关、由各自为战向共享协同、由企业自主自治向产学研深度融合的升级转变。陕西彬长矿业集团有限公司围绕打造全国多元灾害耦合协同治理示范矿区目标,建立健全治灾体系和技术手段,探索形成"1155"冲击地压防治一系列治灾新体系,不断丰富多元灾害同防同治技术路径,全面构建起"耦合因素分源治、区域局部协同治、井上井下立体治"精准高效治灾新格局。

7.1 彬长矿区冲击地压防治制度顶层设计保障

本节主要介绍彬长矿区冲击地压防治制度顶层设计保障,包括地质保障、组织保障、技术保障、管理保障以及投入保障 5 个方面,如图 7.1.1 所示。

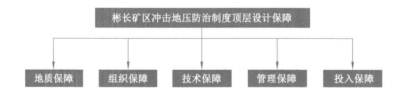

图 7.1.1 彬长矿区冲击地压防治制度顶层设计保障框图

7.1.1 地质保障

(1)总体内容

深部煤炭资源安全高效开发地质保障指的是按照深部现代化矿井生产对煤炭数量与质量的查明,以及对开采地质条件精确探测,结合地球物理勘查技术、计算机软件技术的优势,通过多手段综合探测和信息集成,为矿井设计、采区准备、工作面布置到回采等提供可靠的地质支撑依据。对于冲击地压灾害治理而言,地质保障工作总体体现在以下几个方面。

① 深部煤层赋存状态的勘探。主要包括对煤层厚度及几何形态、煤层结构与分叉合并情况等的勘探分析,煤层分叉及煤层厚度变化区域为高应力异常集中区域。

② 地质构造的探测。断层附近、褶曲轴部附近及采空区等与冲击地压发生密切相关,

区域上通常采用地面三维地震方法开展探测,掘进阶段可采用巷道地震波超前探测,开采阶段可采用地震波 CT 原位探测以及钻探探测。

③ 巷道围岩破坏情况钻孔窥视探测。通过对巷道围岩裂隙发育观测一方面可以分析巷道围岩结构完整性和稳定性,同时可以间接反映巷道抗冲击能力,另一方面也可以用来检验和判断顶板预裂、煤层卸压等措施的卸压效果。

④ 矿井开采区域地应力测试。根据最大水平主应力理论,巷道轴线与最大水平主应力方向夹角越大,顶底板稳定性就越差,地应力测试可以用于指导煤层巷道尤其具有冲击危险性的巷道的方向布置。

⑤ 煤层及其顶底板岩性与力学性质测试、冲击倾向性测定。具有冲击倾向性的煤岩层及厚硬顶板对冲击地压的发生起促进作用,应及时进行相关测试。

因此,为了保障冲击地压矿井安全生产,地质保障建设具有重要的战略意义和现实意义。

（2）矿区建设内容

以彬长矿区孟村煤矿为例,防冲地质保障建设主要体现在以下几个方面。

① 地质补充勘探钻孔。孟村煤矿已补充地质勘探钻孔 70 个,规划期内计划补充地质勘探钻孔 32 个,完善了未来开采区域地质资料,获得了顶板层位分布情况及各层位岩性与岩石力学参数,为超前预防、精准治灾"擦亮眼睛""找准目标",同时建成了地测数据库、各种图纸展示及监测监控系统于一体的安全生产信息共享平台,提高了地质"透明化"水平,为安全生产和灾害治理奠定了基础。

② 煤层及其顶底板岩层物理力学及冲击倾向性指标测定。孟村煤矿完成了 4 煤层及其顶底板岩层的物理力学参数测试及冲击倾向性测定,并基于冲击倾向性测定结果完成了矿井煤层、盘区及采掘工作面的冲击危险性评价,划分了各自的冲击危险区,为矿井安全生产提供了地质保障。

③ 矿井地应力测试。孟村煤矿已完成了 401 盘区 3 个测点的地应力测试。巷道稳定性与最大水平主应力方向密切相关,尤其对具有冲击危险性的巷道来说,巷道的完整性、稳定性以及抗冲击能力等关系到巷道的使用寿命及安全性。

④ 钻孔窥视探测。孟村煤矿工作面回采前均对运输巷和回风巷开展顶板处理措施及煤体爆破措施,对于卸压效果检验可以通过在煤层及其顶板开展钻孔窥视探测,通过观测卸压区的围岩裂隙发育及围岩稳定情况判断卸压效果。另外,对于孟村煤矿受二次回采扰动的巷道,支护将受到极大的损坏,可以对巷道顶板进行钻孔窥视探测,确定顶板离层或破坏范围,指导后续巷道的支护质量补强。

⑤ 钻探法精确探测断层及底煤厚度。对于三维地震勘探得知的断层构造,距离断层较近时,提前开展钻探工作,得出准确的断层落差、倾角等产状信息,以指导采取更加精准的防冲解危措施。对于底煤区域,当煤厚达到一定厚度(一般 1 m 以上)或局部厚度变化无法掌握时,需要采用钻探的方式,摸清底煤厚度及变化趋势,以指导确定后期底板卸压措施参数。

（3）冲击危险区原位探测

地震波 CT 原位探测系统可用于冲击地压矿井煤岩体静载荷原位探测,进而准确评价工作面冲击地压危险性。该系统基于地震波 CT 技术获取工作面煤岩层的地震波波速,通过波速、波速梯度等与冲击危险性密切相关的特征量,构建冲击危险性评价模型,最终获取工作面内煤岩层潜在的冲击危险区域,并以云图的形式加以展现,便于煤矿现场人员理解及应用。

该系统具备评价效率高、基于现场实测评价依据充分、结论展现直观、携带方便、探完即撤等优点,可以应用于孟村煤矿煤层及盘区大巷群内煤巷区域、工作面回采前、回采至高危险区、工作面复产前、冲击地压事故发生后及工作面解危后的效果检验等特殊区域及特殊时期的冲击危险原位探测,同时可以配合开展一些如煤柱应力、构造影响范围、工作面地质异常体及工作面超前支承压力影响范围等的常规探测。

7.1.2 组织保障

组织保障主要是为矿井成立灾害治理工作领导小组,领导小组下设采掘冲击地压灾害防治专业组,共同负责矿井灾害治理日常管理工作,具体内容包括如下几个方面。

① 加强安全管理,强化责任落实。围绕安全高效矿井目标,认真落实安全主体责任、部门业务保安责任、管理人员安全生产责任和管委人员操作责任;切实加强基层队伍、基础工作和基础素质提升管理,增强责任意识和红线意识;做好工作作风、安全意识、管理方法、思维观念和防灾理念等 5 个方面转变。

② 深入开展安全管理。继续深入开展安全基础管理、安全生产标准化和岗位作业过程管理工作,严抓现场细节管理和过程行为管控,关注特殊时期和关键环节安全监管,实现安全、高效、可持续发展。

③ 增强矿井防冲队施工力量。根据治灾工作规划,及时补充专业施工人员,满足矿井冲击地压工作需要,确保矿井防冲效果达到预期效果和目的。

7.1.3 技术保障

技术保障主要是在采煤工作面采用高、中、低位卸压钻孔布置方式。在煤层中施工大直径钻孔,通过打钻、排煤粉和合理布置钻孔长度、钻孔间距,使钻孔周围形成塑性变形区,及时释放煤体和围岩应力,以消除或降低冲击危险。施工预卸压钻孔和掘进存在相互扰动时,沿工作面走向、倾向实施不同间距、孔深的切顶爆破钻孔,以消除顶板关键层岩石积聚弹性能的条件,促使顶板随工作面推进及时垮落,降低冲击发生的危险。在强冲击危险区采用迎头大直径钻孔卸压引导掘进,断层面进行卸压爆破,使断层提前活化。在煤体中呈网格式均匀布置钻孔,进一步破坏煤体的完整性,降低煤层冲击危险。注重源头治理,在冲击危险性评价基础上,从矿井开拓到采掘工作面设计,注重冲击地压防治,选择合理的开拓方式、采掘布局和开采顺序,强化局部措施实施,加强断顶爆破、大直径钻孔煤体卸压等防冲设计管理。

7.1.4 管理保障

管理保障主要是强化部门各级人员责任意识,确保各项工作落到落实,积极推进灾害治理各项工作稳步前进,具体内容包括如下几个方面。

① 加强防冲设备管理,降低设备影响率。坚持做好预防性和强制性检修,制订专项检修计划,对防冲设备、线路、监测设备检修做到全覆盖;加强设备运行管理,规范操作,定期检修维护,保证检修质量,降低设备运行故障率,提高设备开机率;加强备品备件管理,对监测设备必须备件,定期盘点库存,检查备件完好性,减少设备维护影响时间。

② 建立防冲专项资金保障制度,明确列支渠道和使用范围,确保防冲资金专款专用;建立科技创新激励制度,鼓励全员创新,激发员工创新潜能,挖掘群众智慧,为矿井冲击地压灾害治理增砖添瓦。

③ 定期进行防冲培训工作,一是针对防冲专业人员和采掘、生产辅助、巷修单位人员及机关科室分别制订培训计划,由防冲技术人员进行授课;二是邀请科研院校学者和专家对防冲专业和机关科室以及区队管理人员进行专业培训;三是由专业人员对基层区队职工进行防冲知识和技术培训,提高干部职工的防冲意识,增强矿井防冲的整体水平。

④ 持续落实防冲隐患定期排查制度,加大隐患排查治理力度,杜绝重大安全隐患,减少一般隐患。

⑤ 加大矿井冲击地压灾害治理力度,将矿井冲击地压灾害治理工作纳入日常工作的重要议事日程,贯彻落实防冲各项规定,督促整改防冲工作存在的问题。

7.1.5　投入保障

投入保障是指煤矿为防治冲击地压,投入相应的防冲装备、安全牌板等,并采取相应的防冲技术、措施等。冲击地压矿井的监测预警,通常采用 SOS 及 ARAMIS 微震监测、地音/电磁监测、煤体应力在线监测、工作面矿压监测、煤粉监测等,形成了区域和局部、系统实时监测和人工监测相结合的监测预警机制,并在工作面设置防冲管理站,设置防冲管理制度牌板、危险警示牌板、工作面危险区域划分图牌板、防冲流程图牌板、工作面限员管理牌板、工作面防冲方案和监测方法牌板。建立冲击地压管制区域人员进入登记管理台账,严格实行限员管理。落实冲击危险区限位措施,强冲击危险区严禁存放备用材料及设备。落实限时措施,中等及强冲击危险工作面生产班沿空巷道超前 300 m 实行封闭管理,严禁人员进入。采取加强支护措施,工作面掘进期间,在后巷评价为中等及以上冲击危险区,采用单体液压支柱沿巷道走向架设加强支护,加强回采、掘进期间巷帮支护强度,减小巷道变形,提高巷道抗冲击能力。落实个体防护,进入强冲击危险区的人员必须穿防冲服。

7.2　彬长矿区冲击地压防治管理制度

本节主要介绍彬长矿区冲击地压防治管理制度,包括防冲例会制度、冲击危险区封闭限员及人员准入制度、冲击事件记录与档案管理制度、生产组织通知单制度、生产推进度通知单制度、防冲安全投入保障制度 6 个方面,如图 7.2.1 所示。

7.2.1　防冲例会制度

为规范防冲例会流程,进一步掌握井下防冲措施落实及现场施工情况,确认现场冲击危险程度、动态隐患与隐患治理情况,以及安排、协调防冲工作,特制定防冲例会制度。

（1）例会安排

① 防冲分析会:建立生产副矿长（或总工程师）日分析制度,防冲管理部负责每天在生产调度会后组织召开防冲分析会。

参会人员:总工程师、生产副矿长、安全副矿长、各副总工程师、各生产口部门、综采队、各掘进队、防冲队。

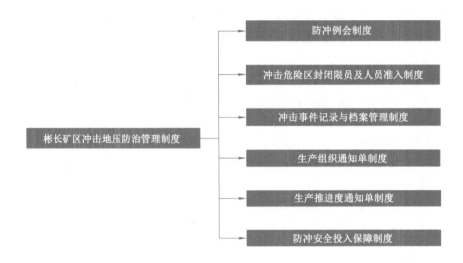

图 7.2.1 彬长矿区冲击地压防治管理制度框图

② 月度防冲例会:总工程师负责每月组织召开一次防冲例会。

参会人员:总工程师,各副总工程师,各生产口部门副部长及以上人员,综采队、各掘进队、防冲队等区队队长或主管技术员。

(2)防冲分析会会议流程

综采队、各掘进队、防冲队逐一汇报本队防冲措施落实情况及需协调解决的问题;各生产部门通报在防冲管理方面的问题;防冲管理部通报采掘工作面冲击危险等级、日允许最大推进度、班允许最大推进度,通报防冲工程施工视频监控全程录像情况及考核,通报采掘工作面防冲措施落实是否到位及考核情况,并安排防冲重点工作;副总工程师安排防冲管理重点工作。

(3)月度防冲例会会议流程

综采队、各掘进队、防冲队逐一汇报本队当月防冲工作开展情况,存在的问题,改进的措施,需协调解决的问题;各生产部门通报在防冲管理方面的问题;防冲管理部通报上月防冲方案执行情况,对施工单位和区队提出的问题进行答复,提出解决方案和要求,并安排当月重点工作;副总工程师、总工程师安排月度防冲管理重点工作。

(4)相关要求

① 各部门、各区队必须派人按时参加会议,提前 10 min 到达会场。对缺席会议人员处罚 100 元,迟到处罚 50 元。

② 会前参会人员手机关机或调静音,会议期间不得喧哗,扰乱正常会议秩序的处罚 100 元。

③ 防冲管理部编写会议纪要,及时报送矿领导和各参会部门、区队,各部门、区队要按照会议安排和工作要求,认真贯彻落实。

7.2.2 冲击危险区封闭限员及人员准入制度

为加强对矿井采掘施工地点冲击危险区的限员管理,依据《国家煤矿安监局关于加强煤矿冲击地压防治工作的通知》制定冲击危险区封闭限员及人员准入制度。

（1）管理部门与职责

① 防冲管理部负责制定冲击危险区封闭限员及人员准入制度,负责冲击危险区封闭限员管理督查考核。

② 安全监督管理部负责冲击危险区封闭限员及人员准入制度现场监督落实。

③ 信息中心负责封闭限员管理区人员定位基站、智能限员装备的安装及维修,负责显示屏的校对、数据更新及调试。

④ 各区队负责按要求设立防冲管理站,严格执行冲击危险区封闭限员及人员准入制度,负责限员管理显示屏的日常维护及挪移。

（2）封闭限员及人员准入规定

① 封闭限员规定

采煤工作面:采煤工作面和巷道超前 300 m 以内,生产班不得超过 16 人,检修班不得超过 40 人;巷道长度不足 300 m 的,在巷道与盘区巷道交叉口以内不得超过 16 人。中等及强冲击危险采煤工作面生产班,沿空巷道超前 300 m 实行封闭管理,严禁人员进入。

掘进工作面:煤巷或半煤岩掘进工作面 200 m 范围内不得超过 9 人;掘进巷道不足 200 m 时,自工作面回风风流与全风压风流混合处以里不得超过 9 人。

巷道扩修:维修前应先进行冲击危险性评价。冲击危险区巷道扩修时,必须制定专门的防冲措施,严禁多点作业,采动影响区内严禁巷道扩修与回采平行作业,冲击危险区内同时作业人数不得超过 9 人。冲击危险区巷道扩修时,还应在距扩修作业点两侧各不小于 200 m 处设置防冲管理站。

② 人员准入规定

在封闭限员管理区以外设立防冲管理站,防冲管理站配备限员显示屏,安设 2 部电话（其中 1 部为调度直通电话）,设置禁行栏杆,悬挂限员管理牌板。防冲管理站原则上不能设置在地质构造、联络巷等应力异常区域,因特殊情况无法避开以上区域时,经防冲管理部确定具体位置。限员数量是指规定地点范围内的人员最多数量,包含进入有关区域的全部人员（包括临时性进出的矿领导、职能部门巡检人员等）。在其他人员（安全检查人员、矿领导带班人员、其他参观人员等任何人员）需要进入限员地点范围时,必须采取人员置换方式,1 人置换 1 人,保证封闭限员管理区内人员不超过规定要求。封闭限员管理区实施解危措施时,必须确保工作面停止生产,解危施工区域必须撤出与防冲措施施工无关的人员并拉线挂警示牌,撤离解危地点的最小距离:在强、中等、弱冲击危险区分别按 300 m、200 m、100 m 撤离。调度信息指挥中心或防冲管理部接收到作业区域超员声光报警信号后,向作业区域跟班队长、班组长及安监员下达暂停作业指令,责令立即整改;对违反规定进入限员管理区域的人员按照"严重三违"处理,并处罚不少于 500 元。

7.2.3　冲击事件记录与档案管理制度

为加强冲击事件记录与档案管理工作,明确冲击事件记录与档案管理职责,规范冲击事件记录与档案管理,依据国家相关法律法规和公司相关规章制度,特制定冲击事件记录与档案管理制度。

（1）冲击事件记录规定

防冲管理部负责建立健全各类防冲记录报表,所有冲击事件由防冲管理部组织勘查,详细记录发生前征兆、发生经过、其他有关数据和破坏情况,以及事件后的处理措施和处理效果。

(2)档案管理规定

① 防冲资料包括防冲制度体系文件、防冲综合分析日报表、防冲设计、生产组织通知单、会议纪要、各类监测系统运行记录、防冲图纸、隐患排查记录、防冲培训记录、防冲设备台账、防冲措施文件、冲击地压事故档案等。

② 防冲监测室要备有各类台账,包括系统运行台账、预警台账、设备故障台账、交接班台账等,并归类整理音视频记录资料。

③ 日常工作中收集的资料要及时整理、归类,发现资料存在问题或缺漏时,要及时核对并修正补充。

④ 防冲管理部指定专门档案管理人员,严格规范工作要求。

⑤ 防冲管理部应建立资料的电子档案、书面资料档案化。

⑥ 所有资料要分门别类整理存放,文件夹按照标准化的要求,贴上标签。资料必须入盒上架,科学排列,便于查找,避免暴露或捆扎堆放,每月清查一次,注意保密,严禁丢失。

⑦ 防冲资料、图件严禁接触火种和油污物,以免损坏;过期的技术资料要做好归类存放,归档处理,随时备查。

⑧ 防冲原始记录表保存期为本工作面结束后 1 a,各类日报表、台账保存期至少 1 a,记录卡、总结性资料、报告、图纸永久保存。

⑨ 各类防冲资料由总工程师批准后方可外借、外送,并由借出经办人按期催还。

7.2.4 生产组织通知单制度

为规范矿井生产组织,根据各采掘地点的冲击危险性评价与防冲设计组织生产,特制定生产组织通知单制度。

(1)生产组织通知单编制

防冲管理部每月末根据采掘工作面冲击危险性评价报告,结合现场生产条件及冲击危险性监测研判结果,设定采掘工作面最大日进尺、班进尺。条件发生变化或监测指标异常时,及时变更生产组织通知单,调整生产组织,并报煤矿主要负责人审批。生产组织通知单内容必须涵盖采掘工作面基本情况、采掘工作面冲击危险性分析、生产组织等方面内容,明确规定采掘工作面最大日进尺、班进尺,平均日进尺、班进尺。出现下列情况之一,及时变更生产组织,重新编制生产组织通知单,并按程序审签、下发、执行:

① 采掘工作面当前区域冲击危险等级出现变化。

② 采掘工作面劳动生产组织发生变化("四六制"与"三八制"相互转换、生产班次发生变化等情况)。

③ 采掘工作面微震、应力在线监测数据异常变化,或现场出现巷道围岩变形突变、锚杆(索)多处破坏等宏观矿压显现强烈现象。

④ 经研究决定,需进行生产组织变更的其他情况。

(2)生产组织通知单签发与传达

生产组织通知单经防冲管理部部长、防冲副总工程师、生产副矿长、总工程师及矿长等签字后下发。生产组织通知单由调度信息指挥中心、安全监督管理部、施工单位等签字确认接收。生产组织通知单原件由防冲管理部统一存档,存档期为 1 a。

（3）生产组织通知单落实与考核

① 各采掘区队为责任主体,必须严格按照生产组织通知单要求组织生产,严禁超能力生产。

② 生产组织通知单由安全监督管理部、调度信息指挥中心及防冲管理部进行监督落实。

③ 安监员每班根据生产组织通知单监督工作面推进度,并汇报调度信息指挥中心及安全监督管理部。

④ 调度信息指挥中心根据生产组织通知单,协调各工作面的生产组织情况。

⑤ 超过生产组织通知单规定进尺组织生产的,对责任区队的跟班管理人员按"严重三违"处罚,对责任区队集体处罚 2 万元,队长和书记各处罚 500 元。情节恶劣或造成严重后果的,由防冲管理部组织相关区队进行事故追查,严肃追究相关人员责任。

7.2.5　生产推进度通知单制度

为进一步加强矿井防冲管理,及时根据采掘工作面冲击危险等级调整生产组织,特制定生产推进度通知单制度。

（1）生产推进度通知单编制

防冲管理部每天下午根据采掘工作面冲击危险性评价报告、冲击地压监测数据及现场生产条件,综合研判冲击危险等级,然后根据最高冲击危险等级确定第二天各采掘工作面的允许最大日进尺、班进尺。

（2）生产推进度通知单签发与传达

生产推进度通知单由防冲管理部盖章并经 OA 办公系统发给各采掘区队、调度信息指挥中心、安全监督管理部、生产技术部及相关矿领导。防冲管理部在每天的防冲分析会上传达生产推进度通知单内容,各区队值班人员在班前会上传达学习。

（3）生产推进度通知单落实与考核

① 各采掘区队为责任落实主体,必须严格按照生产推进度通知单要求组织生产,严禁超能力生产。

② 生产推进度通知单由安全监督管理部、调度信息指挥中心及防冲管理部进行监督落实。

③ 安监员每班根据生产推进度通知单监督工作面推进度,并汇报调度信息指挥中心及安全监督管理部。

④ 调度信息指挥中心根据生产推进度通知单,协调各工作面的生产组织情况。

⑤ 超过生产推进度通知单规定进尺组织生产的,对责任区队的跟班管理人员按"严重三违"处罚,对责任区队集体处罚 2 万元,队长和书记各处罚 500 元。情节恶劣或造成严重后果的,由防冲管理部组织相关区队进行事故追查,严肃追究相关人员责任。

7.2.6　防冲安全投入保障制度

为建立防冲安全费用投入长效机制,加强安全生产费用管理,实现长期、高效治灾,确保矿井防冲生产安全管理和规范安全费用的提取和使用,特制定防冲安全投入保障制度。

（1）管理部门与职责

① 防冲管理部是防冲安全投入的管理部门，主要履行以下职责：

a. 负责防冲安全投入计划的编制；

b. 负责建立防冲安全投入提取台账管理制度；

c. 与企管规划部及财务管理部对接防冲投入相关工作。

② 企管规划部负责管理与落实防冲安全费用，防冲安全费用在安全生产费用中列支。

③ 财务管理部负责防冲安全工程项目资金的筹措。

④ 机电运输管理部材料组负责防冲所需设备、仪器、仪表、材料的供应。

（2）工作流程

防冲安全投入必须列入公司年度安全费用计划，满足防冲工作需要，并执行以下规定：

① 严格按照上级规定足额提取煤炭生产安全费用和维简费用，保证安全生产需要。

② 做到防冲安全投入资金专款专用，防冲管理部、财务管理部建立专门台账，专人管理。

③ 防冲专项费用按照以下范围使用：

a. 防冲技术装备的购置及其检测、检验和维护；

b. 与防冲工作相关的鉴定、论证、评价、设计、监测和检验；

c. 冲击地压重大风险管控和隐患排查治理；

d. 冲击地压应急救援和应急演练；

e. 防冲用品的配备和更新；

f. 防冲新技术、新装备、新工艺、新材料的研究与推广应用；

g. 防冲培训、教育；

h. 与防冲工作有关的其他项目支出。

④ 根据安全生产需要，实际发生需要安全投入的，由防冲管理部写出书面报告，写明原因及所需资金，报矿长批准后进行投入，其中由财务管理部负责落实资金，确保项目完成。

7.3 彬长矿区冲击地压防治机构及岗位制度

本节主要介绍彬长矿区冲击地压防治机构及岗位制度，包括领导岗位防冲安全责任制、防冲管理部安全责任制、防冲管理部部长安全责任制、防冲管理部副部长安全责任制、防冲管理部科员安全责任制、防冲管理部专职值班人员安全责任制、防冲管理部监测工安全责任制、防冲队安全责任制、防冲队队长安全责任制、防冲队技术员安全责任制、防冲队监测工安全责任制 11 个方面，如图 7.3.1 所示。

7.3.1 领导岗位防冲安全责任制

领导岗位防冲安全责任制主要包括以下 7 个方面。

（1）矿长防冲安全责任制

矿长是矿井防冲第一责任人，全面负责矿井防冲工作。矿长应负责组织建立、健全防冲岗位安全责任制度、防冲安全生产规章制度，组织并实施防冲安全生产教育和培训计划；负责设立防冲机构并按照要求规定配备专职人员，配备能够满足矿井防冲工作需要的专职或

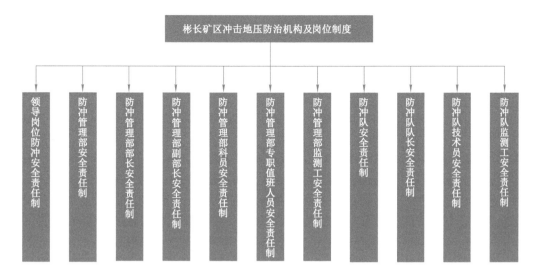

图 7.3.1 彬长矿区冲击地压防治机构及岗位制度框图

者专业施工队伍,健全防冲管理体系;负责按规定提取和使用防冲专项安全生产费用,保证安全投入满足防冲工作需要和有效实施;负责督促、检查防冲工作,及时消除生产安全事故隐患;负责组织制定并实施本单位冲击地压事故应急救援预案,每年至少组织一次冲击地压事故应急救援预案演练;负责及时如实向上级报告冲击地压生产安全事故和事件,组织对事故进行抢险和处理。

（2）总工程师防冲安全责任制

总工程师是矿井防冲技术负责人,在矿长领导下负责矿井防冲的技术工作。总工程师应严格落实国家有关的法律法规、技术规范、标准、要求,对矿井防冲安全技术管理工作全面负责;负责组织贯彻落实上级下发的防冲方面的法律法规、标准;负责组织编制矿井防冲总体设计、技术方案、中长期规划和年度计划;负责组织对矿井冲击危险性进行评价,划定矿井冲击危险范围及危险等级,审批防冲技术措施、解危治理措施、冲击地压综合分析日报表,负责防冲措施的效果评价;积极参加上级召开的有关防冲专业会议,并负责贯彻执行;定期组织召开矿井防冲工作会议;负责配备防冲技术力量,明确技术岗位责任,审查防冲专业各种材料费用的使用情况;负责组织开展冲击地压机理和规律研究,积极开展防冲科研工作,推广应用新技术、新设备、新材料、新工艺,提升矿井防冲技术装备水平;组织对冲击地压事故的抢险和处理,并提出救灾技术方案。

（3）生产副矿长防冲安全责任制

生产副矿长应协助矿长落实防冲工作,负责生产过程中防冲措施的具体落实;根据防冲设计及防冲技术措施合理组织生产,平衡协调各专业、部门间防冲工作;督促防冲管理人员岗位安全责任制的执行,督促有冲击危险的区域开展防冲工作;参与组织冲击地压事故的调查分析与处理。

（4）安全副矿长防冲安全责任制

安全副矿长应负责监督检查冲击危险区域的安全技术措施的落实情况;负责监督检查各级防冲管理人员岗位职责的执行情况;牵头负责防冲措施竣工验收工作;负责冲击地压事

故抢险救灾方案及其实施过程的安全监督,组织冲击地压事故调查分析与责任落实。

（5）其他副矿长防冲安全责任制

其他副矿长应根据分工,对分管范围内的防冲工作负责,积极协助矿长,配合总工程师、生产副矿长和安全副矿长抓好矿井防冲工作。

（6）防冲副总工程师防冲安全责任制

防冲副总工程师应在总工程师的领导下,对防冲技术工作直接负责;组织制定完善矿井防冲管理制度体系;负责督导检查防冲各项规章制度落实情况;协助总工程师建立健全防冲技术管理制度,参与矿井开采设计、开拓方案审查,提出避免出现孤岛、类孤岛煤柱和不合理应力集中区的意见;负责组织研究制定防冲方案及防冲措施,组织（或聘请专家）对冲击危险区域进行冲击危险性评估论证,划定具体冲击危险范围及危险等级。防冲副总工程师对有冲击危险的采掘工作面或停采 3 d 及以上的采掘工作面恢复生产前要组织进行"一面一评估,一头一评估",确定冲击危险程度,并提出有效治理措施;应负责组织冲击危险性评价与预测、超前预防、监测预警、防范治理、卸压解危、效果检验和安全防护等防冲措施的制定、完善和现场落实。

防冲副总工程师应组织确定冲击危险性临界预警指标,组织卸压钻孔、煤粉钻屑孔、松动爆破、卸压爆破、煤层注水、底板卸压、顶板预裂等防冲措施的合理参数;组织编制矿井防冲中长期规划及年度计划,组织制订矿井防冲培训计划,按规定履行审批备案手续,并认真落实;组织开展冲击危险预测预报,负责审查冲击地压综合分析日报表和检测报表;组织开展对预测预报数据、结果及时进行分析总结;负责落实防冲设施设备必要投入,按规定建立完善符合本矿实际的监测预警系统,组织检查防冲设施设备运转情况,确保状态完好、运转正常;协助分管领导组织矿井防冲安全风险辨识评估和隐患排查工作,制定落实治理措施;组织防冲调研和科研攻关,推广应用防冲新技术、新工艺、新材料和新设备,研究冲击地压发生的规律及机理。

防冲副总工程师应参加矿井安全生产办公会议,并对分管业务范围内的具体问题提出主导意见;落实职责范围内的安全生产监管监察指令,履行分管专业职业病危害防治管理工作;经常深入现场,掌握现场施工进展情况和安全状况,检查防冲措施的落实情况;严格落实分管专业、单位的双重预防机制责任;参与矿井年度安全风险辨识评估工作;参与每月一次的综合安全检查活动和双重预防机制工作会议;参与分管专业的专项辨识评估工作;在带班过程中跟踪重大安全风险管控措施落实情况;协助总工程师制定冲击地压事故救灾技术方案,并积极组织对事故的抢险和处理,参与事故的调查分析。

（7）其他副总工程师防冲安全责任制

其他副总工程师应在总工程师领导下,负责落实分管业务范围内各项防冲技术工作;负责组织分管业务范围内的日常防冲措施、计划的落实与实施;负责坚持源头、协同治灾原则,相互配合制定冲击地压、水害、自然发火、瓦斯、粉尘等多重灾害协同治灾方案;协助矿长、总工程师进行冲击地压事故的抗灾救援工作及灾后恢复工作,避免二次灾害发生。

7.3.2 防冲管理部安全责任制

防冲管理部是矿井负责防冲的业务主管部门,对防冲技术管理工作全面负责,其安全责任制包括以下 14 个方面。

① 严格执行国家有关安全生产的法律法规、标准和技术规范,贯彻落实各项防冲文件规定和制度,加强安全管理,制定切实可靠的防冲措施,确保不发生冲击地压责任事故。

② 认真执行安全生产与职业病危害防治责任制和各项管理制度。

③ 落实职工安全技术培训计划,开展业务培训,不断提高从业人员的安全意识,参与组织矿井防冲专业技术知识的培训,做好本单位人员持证上岗的监督、管理。

④ 负责组织贯彻落实上级颁发的矿井防冲方面的法规、标准,积极组织参加各种与防冲工作有关的会议培训,并及时传达给各有关单位。

⑤ 编制防冲中长期规划及防冲年度计划、矿井相关开采设计、冲击地压灾害预防处理计划、事故应急救援预案和相关生产安全费用计划。

⑥ 负责制定防冲方案及防冲措施,参与冲击危险性评价及防冲设计的审查,划定具体冲击危险范围及危险等级,负责冲击危险的监测预警工作的落实。对有冲击危险的采掘工作面或停采 3 d 及以上的采掘工作面恢复生产前要进行"一面一评估,一头一评估",确定冲击危险程度,并提出有效治理措施。

⑦ 监督相关区队编制防冲专项措施,监督落实防冲技术方案、作业规程、安全技术措施,并对施工现场的防冲工作进行指导。

⑧ 组织专门人员对冲击危险区域进行冲击地压监测,制作报表并按照要求汇报领导签字备存。定期对监测数据进行分析、整理汇总归档,为制定防冲技术方案提供可靠的依据。

⑨ 当监测出现预警时,应及时向分管领导汇报,需要实施解危措施时,须报总工程师签批,并负责现场监督卸压解危措施落实情况,同时对解危后卸压效果进行检查。

⑩ 开展防冲调研和科研攻关,推广应用防冲新技术、新工艺、新材料和新设备。对冲击地压相关资料要妥善保管,经常分析整理,研究冲击地压发生的规律及机理,探索防冲规律。

⑪ 井下发生冲击地压后,除参加事故的抢险工作外,还要对冲击地压事故发生的征兆、发生经过、有关数据及破坏情况进行全面、准确调查分析,填好冲击地压事故记录和有关数据统计表,进行原因分析和机理研究,坚持"四不放过"的原则,认真执行事故分析制度。

⑫ 组织编制冲击地压事故专项应急救援预案和现场处置方案,并定期组织演练。

⑬ 开展分管范围内的安全风险辨识评估工作,建立重大安全风险清单,并制定相应的管控措施,将辨识评估结果应用于安全生产工作。组织开展分管范围内的安全风险分级管控与事故隐患排查治理工作。

⑭ 参与业务范围内职业病危害事故的应急救援与处理工作,监督相关人员按标准穿戴职业病危害防护用品、安全防护用品等。

7.3.3 防冲管理部部长安全责任制

防冲管理部部长是防冲管理部日常管理的第一责任者,是矿井防冲技术管理的具体负责人,负责防冲工作的技术管理工作,必须熟练掌握煤矿防冲安全生产专业知识并依法经过培训,取得安全资格证。防冲管理部部长应尽职尽责,积极协助防冲副总工程师开展技术管理工作,提高矿井防冲技术管理水平,其安全责任制包括以下 13 个方面。

① 严格执行国家有关安全生产的法律法规、标准和技术规范,贯彻落实各项防冲文件规定和制度。

② 负责组织制定本单位安全生产与职业病危害防治责任制和各项管理制度,并按规定

进行考核。

③ 参与编制防冲中长期规划及防冲年度计划、矿井相关开采设计、冲击地压灾害预防处理计划、事故应急救援预案和相关生产安全费用计划。

④ 组织落实职工安全技术培训计划,开展业务培训,不断提高从业人员的安全意识,参与组织矿井防冲专业技术知识的培训,做好本单位人员持证上岗的监督、管理。

⑤ 负责组织贯彻落实上级颁发的矿井防冲方面的法规、标准,积极组织参加各种与防冲工作有关的会议培训,并及时传达给各有关单位。

⑥ 负责制定防冲方案及防冲措施,参与冲击危险性评价及防冲设计的审查,划定具体冲击危险范围及危险等级,负责冲击危险的监测预警工作的落实。对有冲击危险的采掘工作面或停采 3 d 及以上的采掘工作面恢复生产前进行"一面一评估,一头一评估",确定冲击危险程度,并提出有效治理措施。

⑦ 组织专门人员对冲击危险区域进行冲击地压监测,协调各科室区队参与有关防冲工作。经常深入现场,掌握现场施工进展情况和安全状况,检查防冲措施的落实情况。

⑧ 当监测出现预警时,负责现场监督卸压解危措施落实情况,并对解危后卸压效果进行检查。

⑨ 开展防冲调研和科研攻关,推广应用防冲新技术、新工艺、新材料和新设备。

⑩ 井下发生冲击地压后,除参加事故的抢险工作外,还要对冲击地压事故发生的征兆、发生经过、有关数据及破坏情况进行全面、准确调查分析,填好冲击地压事故记录和有关数据统计表,进行原因分析和机理研究,坚持"四不放过"的原则,认真执行事故分析制度。

⑪ 开展分管范围内的安全风险辨识评估工作,建立重大安全风险清单,并制定相应的管控措施,将辨识评估结果应用于安全生产工作。组织开展分管范围内的安全风险分级管控与事故隐患排查治理工作,定期参加矿井安全办公会,汇报防冲相关工作进展与存在的问题。

⑫ 组织编制冲击地压事故专项应急救援预案和现场处置方案,并定期组织演练。

⑬ 参与业务范围内职业病危害事故的应急救援与处理工作,监督相关人员按标准穿戴职业病危害防护用品、安全防护用品等。

7.3.4 防冲管理部副部长安全责任制

防冲管理部副部长(或主任工程师)是防冲管理部技术工作第一负责人,必须熟练掌握煤矿防冲安全生产专业知识并依法经过培训,取得安全资格证。防冲管理部副部长应尽职尽责,积极协助防冲副总工程师、防冲管理部部长开展技术管理工作,提高矿井防冲技术管理水平,其安全责任制包括以下 9 个方面。

① 严格执行国家有关安全生产的法律法规、标准和技术规范,贯彻落实各项防冲文件规定和制度。

② 落实职工安全技术培训计划,开展业务培训,不断提高从业人员的安全意识,参与矿井防冲专业技术知识的培训,做好本单位人员持证上岗的监督和管理。

③ 编制防冲中长期规划及防冲年度计划,参与编制矿井相关开采设计,做好冲击地压的预测预报工作。编制冲击地压灾害预防处理计划、事故应急救援预案和相关生产安全费用计划。

④ 制定防冲方案及防冲措施,参与冲击危险性评价及防冲设计的审查,划定具体冲击危险范围及危险等级,负责冲击危险的监测预警工作的落实。

⑤ 监督审批相关区队编制防冲专项措施,监督落实防冲技术方案、作业规程、安全技术措施,并对施工现场的防冲工作进行技术指导。经常深入现场,掌握现场施工进展情况和安全状况,检查防冲措施的落实情况。

⑥ 组织专门人员对冲击危险区域进行冲击地压监测,制作报表并按照要求汇报领导签字备存。定期对监测数据进行分析、整理汇总归档,并研究冲击地压发生的规律及机理,探索防冲规律,为制定防冲技术方案提供可靠的依据。

⑦ 当监测出现预警时,应及时向防冲管理部部长汇报,需要实施解危措施时,须报总工程师签批。

⑧ 开展防冲调研和科研攻关,推广应用防冲新技术、新工艺、新材料和新设备。

⑨ 开展分管范围内的安全风险辨识评估工作,建立重大安全风险清单,并制定相应的管控措施,定期参加矿井双防例会,汇报防冲相关工作进展与存在的问题。

7.3.5　防冲管理部科员安全责任制

防冲管理部科员是防冲管理部技术工作直接负责人,必须熟练掌握煤矿防冲安全生产专业知识并依法经过培训,取得安全资格证。防冲管理部科员应尽职尽责,积极协助防冲管理部部长、副部长做好防冲技术管理工作,提高矿井防冲技术管理水平,其安全责任制包括以下8个方面。

① 严格执行国家有关安全生产的法律法规、标准和技术规范,贯彻落实各项防冲文件规定和制度,加强防冲安全技术管理。

② 落实职工安全技术培训计划,开展业务培训,不断提高从业人员的安全意识。

③ 参与编制防冲中长期规划及防冲年度计划、矿井相关开采设计、冲击地压灾害预防处理计划、事故应急救援预案和相关生产安全费用计划。

④ 制定防冲方案及防冲措施,参与冲击危险性评价及防冲设计的审查,划定具体冲击危险范围及危险等级,负责冲击危险的监测预警工作的落实。

⑤ 参与监督审批相关区队编制防冲专项措施,监督落实防冲技术方案、作业规程、安全技术措施,并对施工现场的防冲工作进行技术指导。经常深入现场,掌握现场施工进展情况和安全状况,检查防冲措施的落实情况。

⑥ 根据冲击地压监测结果,审查各类报表并按照要求汇报领导签字备存。定期对监测数据以实事求是的原则进行分析、整理汇总归档,不得删除、伪造各类相关数据。研究冲击地压发生的规律及机理,并探索防冲规律,为制定防冲技术方案提供可靠的依据。

⑦ 当监测出现预警时,应及时向防冲管理部副部长、防冲管理部部长汇报。

⑧ 熟练掌握防冲监测系统、设备的工作原理、结构性能、使用方法,能对一般故障进行维修和处理,保障各个防冲监测系统、设备正常运行。

7.3.6　防冲管理部专职值班人员安全责任制

防冲管理部专职值班人员安全责任制包括以下8个方面。

① 必须严格贯彻执行国家的安全生产方针、政策和法律法规,严格执行落实公司各项

管理制度。坚持"安全第一,预防为主"的方针,具备高度的责任感和安全意识。

② 保持高度警惕感和责任感,认真履行职责,确保 24 h 在岗,做好值班电话的及时应答。坚守岗位,不得脱岗,不干与本职工作无关的事情。

③ 接班人员必须提前 30 min 到防冲监控室并与交班人员进行业务交接,交班人员对值班期间各采掘工作面情况、各类监测数据情况、监测设备运转情况、监控室卫生情况等详细交接,并填写值班记录,防冲监测日报表由接班人员负责报批存档。

④ 应时刻注意微震监测系统、地音监测系统、应力在线监测系统的运行情况,必须确保 24 h 不间断正常监测,及时发送预警和预报信息。认真监视显示大屏所显示的各监测系统监测数据等信息情况,发现异常查明原因,按程序汇报,并做好记录。

⑤ 防冲各系统监测数据超标及异常时,必须立即进行分析并及时向有关领导汇报,同时做好记录。

⑥ 负责收集、整理有关防冲监测数据,进行综合分析并制作报表,同时经相关领导签字审核后,按要求整理归档。

⑦ 对采集的数据以实事求是的原则记录、存档,不得删除、伪造各类相关数据。

⑧ 必须正确及时处理突发事件和异常情况,严格落实安全责任制,冲击危险性综合技术分析制度,冲击地压监测预警、处置调度及反馈制度,冲击地压事故报告制度等防冲有关制度规定。

7.3.7 防冲管理部监测工安全责任制

防冲管理部监测工是本岗位安全生产的直接责任者,负责防冲管理部日常矿压监测、各防冲监测系统井下部分的安装调试及故障紧急处理,须熟练掌握相关专业知识,取得安全资格证。防冲管理部监测工应尽职尽责,为矿井防冲工作提供有力的监测数据依据,其安全责任制包括以下 10 个方面。

① 严格执行国家有关安全生产的法律法规、标准和技术规范,贯彻落实各项防冲文件规定和制度。

② 熟悉微震监测系统及应力在线监测系统等防冲监测系统的组成、工作原理及安装标准,熟练掌握井下各监测系统的监测分站情况,定期对监测系统进行检查和维护,发现问题及时处理,确保系统正常运行。

③ 每天对微震监测、地音监测及应力在线监测等监测数据信息、采掘进尺、采场条件等及时进行综合分析,编制综合监测分析报表,经总工程师签字后,及时告知相关单位。

④ 熟练掌握煤粉钻屑法施工及判定标准,积极参与防冲管理部组织的各类防冲培训学习交流。不断学习冲击地压理论知识和防治技术,提高技术业务水平。

⑤ 当接到防冲监控室值班人员汇报井下监测系统出现故障等异常情况时,必须及时下井处理,因技术原因无法处理的,及时协调监测系统厂家技术人员下井处理。

⑥ 按照要求参加日常防冲检查和防冲专项安全检查,检查防冲措施的落实情况,对各类防冲工程进行随机抽检,并将检查结果上报防冲管理部分管管理人员。

⑦ 负责对有冲击危险的采掘工作面或停采 3 d 及以上的采掘工作面恢复生产前进行冲击危险性监测。

⑧ 熟练掌握各监测系统预警指标及预警后的应急处置流程,当监测数据超过冲击地压

临界预警指标或现场判定具有冲击危险时,应按照应急处置流程在相关领导的统一指挥下开展卸压解危工作。

⑨ 工作中注意保护各监测系统的井下设备设施,发现问题和隐患要及时向防冲管理部领导汇报。

⑩ 对采集的数据以实事求是的原则记录、存档,不得删除、伪造各类相关数据。

7.3.8 防冲队安全责任制

防冲队是矿井负责防冲工作现场施工的责任部门,对防冲工作全面负责,其安全责任制包括以下 11 个方面。

① 严格执行国家有关安全生产的法律法规、标准和技术规范,贯彻落实各项防冲文件规定和制度。

② 贯彻落实"区域先行、局部跟进、分区管理、分类防治"的防冲工作基本原则,负责协助总工程师、防冲副总工程师、防冲管理部,做好冲击地压管理和防治工作,避免冲击地压事故的发生,确保矿井实现安全生产。

③ 落实职工安全技术培训计划,开展业务培训,不断提高从业人员的安全意识,参与矿井防冲专业技术知识的培训,做好本单位人员持证上岗的监督、管理。

④ 负责防冲工作施工专项安全技术措施和管理制度的制定,并组织施工人员进行培训学习。

⑤ 负责组织落实矿井煤粉钻屑监测、应力在线监测、微震监测、CT 探测等防冲监测的施工工作,确保各防冲监测施工符合相关标准和防冲设计要求。

⑥ 负责组织落实矿井钻孔(预)卸压、煤层爆破卸压、顶板爆破预裂、顶板水力致裂、底板钻孔或爆破卸压等局部防冲措施的施工工作,确保局部防冲措施施工符合相关标准和防冲设计要求。

⑦ 负责组织本单位职工学习贯彻上级颁发的矿井防冲方面的法规、标准,积极参加防冲管理部组织的各种防冲会议及培训,并及时传达给本单位职工。

⑧ 协助防冲管理部做好对有冲击危险的采掘工作面或停采 3 d 及以上的采掘工作面进行的冲击危险性监测工作。

⑨ 熟练掌握各监测系统预警指标及预警后的应急处置流程,当监测数据超过冲击地压临界预警指标或现场判定具有冲击危险时,应按照应急处置流程在相关领导的统一指挥下,协助防冲管理部开展卸压解危工作。

⑩ 对采集的数据以实事求是的原则记录、存档,不得删除、伪造各类相关数据。

⑪ 参与业务范围内职业病危害事故的应急救援与处理工作,监督相关人员按标准穿戴职业病危害防护用品、安全防护用品等。

7.3.9 防冲队队长安全责任制

防冲队队长是防冲队日常管理的第一责任人,是矿井防冲现场施工的具体负责人,负责防冲现场工作落实的管理工作,必须熟练掌握煤矿防冲安全生产专业知识并依法经过培训,取得安全资格证。防冲队队长应尽职职责,积极协助防冲副总工程师、防冲管理部开展技术管理工作,提高矿井防冲技术管理水平,其安全责任制包括以下 11 个方面。

① 严格执行国家有关安全生产的法律法规、标准和技术规范,贯彻落实各项防冲文件规定和制度。

② 负责协助总工程师、防冲副总工程师、防冲管理部,做好冲击地压管理和防治工作,避免冲击地压事故的发生,确保矿井实现安全生产。

③ 组织落实职工安全技术培训计划,开展业务培训,不断提高从业人员的安全意识,参与矿井防冲专业技术知识的培训,做好本单位人员持证上岗的监督、管理。

④ 负责组织制定本单位安全生产与职业病危害防治责任制和各项管理制度,并按规定进行考核。组织制定防冲工作施工专项安全技术措施。

⑤ 负责组织落实矿井煤粉钻屑监测、应力在线监测、微震监测、CT 探测等防冲监测的施工工作,确保各防冲监测施工符合相关标准和防冲设计要求。

⑥ 负责组织落实矿井钻孔(预)卸压、煤层爆破卸压、顶板爆破预裂等局部防冲措施的施工工作,确保局部防冲措施施工符合相关标准和防冲设计要求。

⑦ 负责组织本单位职工学习贯彻上级颁发的矿井防冲方面的法规、标准,积极参加防冲管理部组织的各种防冲会议及培训,并及时传达给本单位职工。

⑧ 负责组织落实对有冲击危险的采掘工作面或停采 3 d 及以上的采掘工作面进行的冲击危险性监测工作。

⑨ 经常深入现场,掌握现场施工进展情况和安全状况,检查防冲措施落实情况,协助防冲管理部开展冲击地压事故隐患排查工作,发现安全隐患要及时整改。

⑩ 熟练掌握各监测系统预警指标及预警后的应急处置流程,当监测数据超过冲击地压临界预警指标或现场判定具有冲击危险时,应按照应急处置流程在相关领导的统一指挥下,协助防冲管理部开展卸压解危工作。

⑪ 参与业务范围内职业病危害事故的应急救援与处理工作,监督相关人员按标准穿戴职业病危害防护用品、安全防护用品等。

7.3.10 防冲队技术员安全责任制

防冲队技术员是防冲队技术工作的第一责任人,必须熟练掌握煤矿防冲安全生产专业知识并依法经过培训,取得安全资格证。防冲队技术员应尽职职责,积极协助防冲队队长开展技术管理工作,提高矿井防冲技术管理水平,其安全责任制包括以下 7 个方面。

① 严格执行国家有关安全生产的法律法规、标准和技术规范,贯彻落实各项防冲文件规定和制度。

② 落实职工安全技术培训计划,开展业务培训,不断提高从业人员的安全意识,参与矿井防冲专业技术知识的培训,做好本单位人员持证上岗的监督、管理。

③ 制定防冲工作施工专项安全技术措施,并落实施工人员的培训学习工作。

④ 负责落实本单位职工学习贯彻上级颁发的矿井防冲方面的法规、标准,积极参加防冲管理部组织的各种防冲会议及培训,并及时传达给本单位职工。

⑤ 经常深入现场,掌握现场施工进展情况和安全状况,检查防冲措施落实情况,协助防冲管理部开展冲击地压事故隐患排查工作,发现安全隐患要及时整改。

⑥ 熟练掌握各监测系统预警指标及预警后的应急处置流程,当监测数据超过冲击地压临界预警指标或现场判定具有冲击危险时,应按照应急处置流程在相关领导的统一指挥下,

协助防冲管理部开展卸压解危工作。

⑦ 负责对采集的数据以实事求是的原则记录、存档,不得删除、伪造各类相关数据。

7.3.11 防冲队监测工安全责任制

防冲队监测工是本岗位安全生产的直接责任者,负责各防冲监测系统井下部分的安装维护及煤粉钻屑监测,须熟练掌握相关专业知识,取得安全资格证,其安全责任制包括以下8个方面。

① 严格执行国家有关安全生产的法律法规、标准和技术规范,贯彻落实各项防冲文件规定和制度。

② 熟悉微震监测系统及应力在线监测系统等防冲监测系统的组成、工作原理及安装标准,维护系统正常运行,熟练掌握煤粉钻屑法施工及判定标准,积极参与防冲管理部、防冲队组织的各类防冲培训学习交流。

③ 负责矿井煤粉钻屑监测、应力在线监测、微震监测、CT 探测等防冲监测的具体施工工作,确保各防冲监测施工符合相关标准和防冲设计要求。

④ 熟练掌握井下各监测系统的监测分站情况,定期对井下监测系统进行检查和维护,发现问题及时处理,确保系统运行可靠。

⑤ 负责对有冲击危险的采掘工作面或停采 3 d 及以上的采掘工作面恢复生产前进行冲击危险性监测。

⑥ 熟练掌握各监测系统预警指标及预警后的应急处置流程,当监测数据超过冲击地压临界预警指标或现场判定具有冲击危险时,应按照应急处置流程在相关领导的统一指挥下开展卸压解危工作。

⑦ 工作中注意保护各监测系统的井下设备设施,发现问题和隐患要及时向防冲管理部及区队值班人员汇报。

⑧ 对采集的数据以实事求是的原则记录、存档,不得删除、伪造各类相关数据。

7.4 彬长矿区冲击地压防治现场作业管理制度

本节主要介绍彬长矿区冲击地压防治现场作业管理制度,主要包括冲击危险处置调度和处理结果反馈制度、冲击地压事故报告制度、冲击危险区安全防护与现场管理制度三个方面,如图 7.4.1 所示。

7.4.1 冲击危险处置调度和处理结果反馈制度

为加强防冲工作管理,提高应对风险和防范事故的能力,规范处置调度和结果反馈程序,特制定冲击危险处置调度和处理结果反馈制度。

(1)职责分工

① 防冲管理部专职值班人员

防冲管理部专职值班人员对所有监测系统预警情况均要进行登记,做到登记项目齐全、准确。当发现监测数据超过冲击危险临界预警指标时,必须立即向领导汇报。

② 区队跟班管理人员

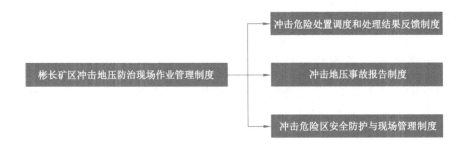

图 7.4.1　彬长矿区冲击地压防治现场作业管理制度框图

区队跟班管理人员判定现场具有冲击危险、发现应力计监测数据超过冲击危险临界预警指标或者现场有强烈震动、巨响、瞬间底（帮）鼓、煤岩弹射等动力现象时，必须立即停止作业，按照冲击地压避灾路线迅速撤出人员，切断电源，并向调度信息指挥中心和防冲管理部专职值班人员汇报。

③ 安监员

安监员发现应力计监测数据超过冲击危险临界预警指标或判定具有冲击危险时，应命令区队跟班管理人员停止作业，按照冲击地压避灾路线迅速撤出人员，切断电源，并及时向安全监督管理部、调度信息指挥中心及防冲管理部专职值班人员汇报。

④ 其他管理人员

防冲管理部人员、防冲措施验收员、调度员、井下带班人员、班组长等其他管理人员在矿井出现冲击危险情况时，均具有预警停产、紧急撤人的权力。其他管理人员在发生强烈矿压显现或发现监测数据超过冲击危险临界预警指标时，应协助区队跟班管理人员评估危险，不具备生产条件时，停止作业，按照冲击地压避灾路线迅速撤出人员，切断电源，并及时向调度信息指挥中心及防冲管理部专职值班人员汇报。

（2）撤离范围

① 掘进工作面，当出现预警撤人时，施工人员撤离至预警位置 300 m 以外。

② 采煤工作面，当出现预警撤人时，施工人员应撤离至预警位置 300 m 以外，不能及时撤离时暂时躲避至工作面支架有效支护范围内。若出现强烈矿压显现，现场作业人员应先撤至工作面支架有效支护范围内，待能量释放稳定后，方可沿避灾路线撤出工作面至安全地点。

（3）汇报流程及预警处置

① 汇报流程

当发生强烈矿压显现［如高大能量微震事件（剧烈煤炮）、断锚杆锚索、应力异常等］时，区队跟班管理人员、安监员要判断现场危险并有权撤出施工人员，同时向防冲管理部、调度信息指挥中心、生产技术管理部和区队值班人员汇报。汇报人员要详细说明矿压显现事件发生时间、地点、强度（巷道变形量、断锚杆等显现）、次数等。现场不具备安全生产条件、施工作业停止时，防冲管理部、生产技术管理部、安全监督管理部管理人员必须立即下井查看，评估破坏程度，分析原因，制定治理方案与措施。

② 预警处置

冲击危险区域实施解危措施时，必须撤出冲击危险区域所有与防冲施工无关的人员，停止运转一切与防冲施工无关的设备。实施解危措施后,必须对解危效果进行检验,当检验结果小于临界值,确认危险解除后恢复正常作业。

7.4.2　冲击地压事故报告制度

为规范冲击地压事故报告管理工作,明确事故报告管理职责及工作流程,依据国家相关法律法规和公司相关规章制度,特制定冲击地压事故报告制度。

① 调度信息指挥中心是冲击地压事故报告的归口管理部门,主要履行下列职责:负责责令现场作业人员停止作业,停电撤人;负责向值班领导报告,并通知相关部门和人员,做好应急准备;负责启动冲击地压事故应急救援预案,并向上级有关部门汇报冲击地压事故情况。

② 防冲管理部是冲击地压事故报告的技术管理部门,配合调度信息指挥中心做好相关事宜报告工作,主要履行下列职责:确定冲击地压震源位置、能量等级;与生产技术管理部、安全监督管理部一起勘察现场,掌握清楚冲击地压显现对巷道的破坏程度、影响生产时间及人员伤亡情况。

③ 各区队负责事故现场相关情况汇报。

7.4.3　冲击危险区安全防护与现场管理制度

在冲击危险区作业的所有人员必须熟悉冲击地压发生的征兆、应急措施及避灾路线,井下有危险情况时,班组长、调度员和防冲专业人员有权责令现场作业人员停止作业,停电撤人,立即撤出或躲到安全地点避灾;冲击地压监测及解危人员应时刻注意围岩动态变化情况,发现有冲击征兆时,必须及时通知现场人员撤出危险区域,并设好警戒,同时将情况向调度信息指挥中心及防冲管理部汇报。

在有冲击危险的采掘工作面,必须严格执行冲击危险区准入制度,按照以下规定实行限员管理,并实现人员位置精确定位:

① 采煤工作面和巷道超前300 m以内生产班不得超过16人、检修班不得超过40人;巷道长度不足300 m的,在巷道与盘区巷道交叉口以内生产班不得超过16人、检修班不得超过40人。

② 掘进工作面200 m范围内不得超过9人,掘进巷道不足200 m的,在工作面回风风流与全风压混合处以内不得超过9人。

③ 当其他人员(安全检查人员、质量检查验收人员、矿领导带班人员、其他参观人员等任何人员)需要进入规定地点范围时,必须采取人员置换方式,1人置换1人,确保该地点范围内人员不超过规定要求。

具有冲击危险的采煤工作面,应当加大上下出口和巷道超前支护范围与强度。巷道超前支护长度根据采煤工作面超前支承压力影响范围,由总工程师批准。具有冲击危险的掘进巷道,其支护参数应当选取中等以上安全系数。具有中等冲击危险的掘进巷道,应当采用恒阻锚索、高预应力全长锚注锚索、让压锚杆、高强度护表钢带、高强度护网或者大直径托盘等具有强抗变形和护表能力的主动支护方式。具有强冲击危险的掘进巷道以及中等冲击危险的厚煤层托顶煤掘进巷道,除上述主动支护外,还应当采用可缩式U型棚、液压单元支架或者门式支架等受冲击后仍有安全空间的加强支护方式。支护方式和范围应当由矿总工程师批准。

具有冲击危险的采掘工作面,供电、供液等设备应当放置在采动集中影响区域外,距离工作面不小于 200 m,不能满足上述条件时,应当放置在无冲击危险区。强冲击危险区内不得存放备用材料和设备,巷道内杂物应当清理干净,保持行走路线畅通。对冲击危险区内的在用设备、管线、物品等应当采取固定措施,管线应当吊挂在巷道腰线以下,高于 1.2 m 的必须采取固定措施。在冲击危险区应对锚索采取有效的防崩措施。进入强冲击危险区的人员必须采取穿戴防冲服等特殊的个体防护措施,现场配备的个体防冲装备数量必须满足现场人员需要。

具有冲击危险的巷道严禁采用刚性支护,要根据冲击危险性进行支护设计,可采用抗冲击的锚杆(锚索)、可缩支架及高强度、抗冲击巷道液压支架等,提高巷道抗冲击能力。

具有冲击危险的采掘工作面现场必须设置可靠的压风自救系统,并悬挂冲击地压避灾路线图,现场作业人员必须掌握作业地点发生冲击地压灾害的避灾路线以及被困时的自救常识。

7.5 彬长矿区冲击地压防治应急预案

本节主要介绍彬长矿区冲击地压防治应急预案,包括冲击地压应急处置措施,冲击危险性综合技术分析、预测预报制度,冲击地压井下紧急避险系统三个方面,如图 7.5.1 所示。

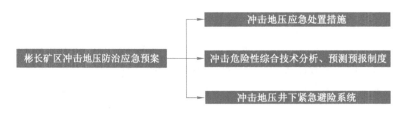

图 7.5.1　彬长矿区冲击地压防治应急预案框图

7.5.1　冲击地压应急处置措施

发生冲击地压事故后,现场人员在跟班干部、安监员带领下,沿避灾线路,迅速撤退到安全地点。在冲击地压事故专业救援人员到达现场之前,由施工单位负责人负责事故的全面指挥和协调处理。在保证现场安全的前提下,由跟班干部、班组长等带领班组人员迅速对遇险人员开展应急救援。

冲击地压事故应急救援队在接到险情命令后,要迅速集合队伍,携带专业救援装备下井,在井下要做好以下工作:

① 发生冲击地压事故后,应尽快探明冲击地压波及范围和被埋、压、截堵的人数及可能所在的位置,并分析抢救、处理条件;

② 迅速恢复被摧垮、严重变形区域正常通风,如一时不能恢复,则必须利用压风管、水管或打钻的方法向被埋、压、截堵的人员供给新鲜空气;

③ 对冲击事故区域及其周边环境进行严密监控,一旦发现异常情况,应立即向调度室汇报;

④ 在处理过程中必须由外向里加强支护,清理出抢救人员的通道,必要时可以向遇险

人员处开掘专用小巷道或者钻孔进行空气和食物的输送；

⑤ 在抢救中如遇有大块矸石(煤块)，不允许用爆破法进行处理，应尽量绕开，如果威胁到遇险人员，则可用千斤顶等工具移动岩石，救出遇险人员；

⑥ 在救灾期间，应随时向应急救援指挥部汇报灾区状况和救灾工作的进展情况(如现有抢救力量、人员的情绪及身体状况、救灾的现有条件、事故发展趋势及后果、所采取的措施及取得的效果等)，并对下一步救灾工作的开展提出意见和建议。

7.5.2 冲击危险性综合技术分析、预测预报制度

为加强冲击危险性综合技术分析及预测预报工作，明确管理职责，规范工作流程，依据国家相关法律法规和公司相关规章制度，特制定冲击危险性综合技术分析、预测预报制度。

（1）监测资料分析

防冲管理部监测工负责每天对矿井微震监测数据、地音监测数据、应力在线监测数据、钻屑法监测数据等进行整理与分析，形成监测分析日报表，报防冲管理部部长、防冲副总工程师、总工程师、矿长审批，对内容真实性负责；防冲管理部工程技术人员每天对微震监测数据、地音监测数据、应力在线监测数据、钻屑法监测数据及现场动压显现情况等各种资料进行系统分析，重点分析应力曲线渐变、微震事件集中区域影响情况；微震事件能量超过 10^4 J 时，监测工应立即电话联系事件发生地点人员，了解并记录现场动压显现情况，若现场动压显现明显，必须立即向防冲管理部部长或防冲副总工程师汇报。微震事件分析结果应及时发送给防冲管理部部长、各级矿领导；应力在线监测或地音监测系统预警后，防冲管理部工程技术人员应掌握现场施工情况，排除人为干扰因素，结合微震监测数据及动力显现的历史数据综合评判该区域冲击危险程度，并提出相应治理方案及防范措施。

（2）综合信息分析

防冲管理部工程技术人员每天从矿井、盘区、采掘工作面冲击危险性评价入手，结合矿井生产现状、冲击地压监测系统监测情况、矿压观测数据、地质条件等因素进行综合分析，判定冲击地压危险程度。

采掘作业地点遇下列情况时要重点分析冲击危险，并研究制定针对性措施：采煤工作面初次来压、周期来压、见方期间；掘进工作面处于断层前后 50 m 范围期间，迎头过褶曲轴部期间；采掘工作面处于煤层厚度和煤质相变区域；巷道处于应力集中区域或煤柱群区域；钻屑法、应力在线及微震监测出现预警的区域。

（3）分析结果反馈

每日早会时，防冲副总工程师通报冲击地压综合分析结果，告知相关领导和单位采掘工作面冲击危险性综合分析情况。防冲管理部人员根据综合分析判定冲击危险等级，编制采掘工作面生产推进度通知单，在每天的防冲分析会上通报，告知相关单位；出现强冲击危险或遇到重大决策问题，必须及时向防冲工作领导小组汇报，严禁不经请示妄作决定或隐瞒不报；根据冲击危险性分析结果，结合井下各地点采取的防冲措施和微震、地音等系统监测情况，进行防冲效果检验分析，达不到治理效果要求的及时调整防冲卸压方案；采掘现场经分析具有冲击危险时，应当进行实时预警，并启动应急处置程序。

7.5.3 冲击地压井下紧急避险系统

按照《煤矿井下紧急避险系统建设管理暂行规定》(安监总煤装〔2011〕15号),煤矿应建设完善井下紧急避险系统。井下紧急避险系统建设的内容包括为入井人员提供自救器、建设井下紧急避险设施、合理设置避灾路线、科学制定应急预案等。入井人员必须随身携带额定防护时间不低于45 min的隔绝式自救器。井下紧急避险设施应与矿井安全监测监控、人员定位、压风自救、供水施救、通信联络等系统相连接,形成井下整体性的安全避险系统;井下紧急避险设施应具备安全防护、氧气供给保障、有害气体去除、环境监测、通信、照明、动力供应、人员生存保障等基本功能,在无任何外界支持的情况下额定防护时间不低于96 h;井下紧急避险设施的容量应满足服务区域所有人员紧急避险需要,包括生产人员、管理人员及可能出现的其他临时人员,并按规定留有一定的备用系数。井下紧急避险设施的设置要与矿井避灾路线相结合,井下紧急避险设施须有清晰、醒目的标识;应按规定悬挂避灾路线牌板,便于人员找准避灾行走方向。

应急预案主要内容包括以下三个方面。

① 快速、有序撤离灾害现场。当发生各种灾害时,相关地点的作业人员应首先向调度室汇报。在接到救援指挥中心的撤离指令或者现场无法保证人员生存的情况下,现场指挥人员必须结合现场情况,认真组织,确保有序快速撤离;撤离前现场指挥人员必须规定联系方式,确保撤离过程中始终保持联系;撤离前现场指挥人员必须认真清点人数,必须提前安排好伤员救治转移;当人数较多时,各区队跟班队长、班组长要加强组织协调,离开灾害现场时要井然有序,防止发生拥挤事件,提高离开效率;撤离灾害现场后,班组长必须及时清点人数,同时认真检查、及时掌握本班组人员的健康情况;遇到各种紧急、特殊情况,必须由现场指挥人员统一指挥,按照有关规定,进行组织处置。

② 快速、有序进入避难硐室。当发生各种灾害时,在无法安全升井的条件下,相关地点的作业人员,按照应急预案以及所在地点的避灾路线,进入避难硐室;当人数较多时,各区队跟班队长、班组长要加强组织协调,进入避难硐室必须有序,以防止拥挤事件,提高进入效率;进入避难硐室后,各区队跟班队长、班组长必须及时清点人数,同时认真检查、及时掌握本队、班组人员的健康情况;各区队跟班队长、班组长要利用一切通信手段,尽快与地面救援指挥中心取得联系,及时、准确汇报事故及人员情况;必须严格按照《避难硐室操作规程》操作各种系统、设备。

③ 有序、高效组织施救。安全经验丰富、熟练掌握煤矿各种事故应急救援知识、对周边巷道环境熟悉的跟班队长、班组长或者安全生产骨干担任现场的第一负责人。现场第一负责人必须在最短时间掌握整个硐室的人员健康情况,尽快与地面救援指挥中心取得联系,及时、准确汇报事故及人员情况,并接受地面救援指挥中心的指挥;现场第一负责人必须进一步明确责任、分解工作,成立临时救援指挥体系,实现统一指挥、统一行动;现场第一负责人要安排专人具体负责与地面救援指挥中心保持联系,对硐室内部各种系统、设备运行情况进行检查控制,对硐室空气环境进行检测等;现场第一负责人要组织对受伤人员,进行必要、及时的急救;现场第一负责人必须加强硐室内各种资源的管理,做到统一管理、伤员优先、合理使用;指挥人员要贯彻执行地面救援指挥中心的指令,认真组织好现场施救工作;进入避难硐室的人员,必须听从指挥,保持冷静、有序,尽量减少体力消耗。

参 考 文 献

[1] 谢和平,任世华,谢亚辰,等.碳中和目标下煤炭行业发展机遇[J].煤炭学报,2021, 46(7):2197-2211.

[2] 中矿(北京)煤炭产业景气指数课题组.2019—2020年中国煤炭产业经济形势研究报告 [J].中国煤炭,2020,46(3):5-12.

[3] 翟明国,胡波.矿产资源国家安全、国际争夺与国家战略之思考[J].地球科学与环境学 报,2021,43(1):1-11.

[4] 余良晖,冯丹丹,苏轶娜.当前矿产资源形势与风险分析[J].国土资源情报,2020(4): 29-33.

[5] 刘峰,曹文君,张建明,等.我国煤炭工业科技创新进展及"十四五"发展方向[J].煤炭学 报,2021,46(1):1-15.

[6] 齐庆新,赵善坤,李海涛,等.我国煤矿冲击地压防治的几个关键问题[J].煤矿安全, 2020,51(10):135-143,151.

[7] 李伟.深部煤炭资源智能化开采技术现状与发展方向[J].煤炭科学技术,2021,49(1): 139-145.

[8] ZHU G A,DOU L M,CAO A Y,et al. Assessment and analysis of strata movement with special reference to rock burst mechanism in island longwall panel[J]. Journal of Central South University,2017,24(12):2951-2960.

[9] 何满潮,武毅艺,高玉兵,等.深部采矿岩石力学进展[J].煤炭学报,2024,49(1):75-99.

[10] 郑建伟.顶板条带弱化法防治巷道冲击地压技术研究[D].北京:煤炭科学研究总 院,2021.

[11] 吕祎珂.辽宁某矿千米深井冲击地压地面微震监测预测研究[D].沈阳:辽宁大 学,2022.

[12] 韩泽鹏.煤矿冲击矿压前兆信息识别及预警模型研究[D].徐州:中国矿业大学,2020.

[13] 国家煤矿安全监察局科技装备司.全国煤矿冲击地压矿井专项调研报告[R].[出版地 不详:出版者不详],2017.

[14] 李宏艳,莫云龙,孙中学,等.煤矿冲击地压灾害防控技术研究现状及展望[J].煤炭科 学技术,2019,47(1):62-68.

[15] PATYŇSKA R,KABIESZ J. Scale of seismic and rock burst hazard in the Silesian companies in Poland[J]. Mining science and technology (China),2009,19(5): 604-608.

［16］田冲,汤达祯,周志军,等.彬长矿区水文地质特征及其对煤层气的控制作用［J］.煤田地质与勘探,2012,40(1):43-46.

［17］刘会彬,胡少博,尹润生,等.鄂尔多斯盆地彬长矿区煤层气赋存特征［J］.煤田地质与勘探,2011,39(4):20-23.

［18］陈晓智,汤达祯,许浩,等.彬长矿区延安组煤层发育特征及其控制因素分析［J］.中国矿业,2011,20(2):110-113.

［19］刘育晖,张晔,赵恒.陕西彬长矿区冲击地压防治现状［J］.煤矿开采,2017,22(6):92-95,103.

［20］简军峰.陕西煤矿冲击地压现状分析及防治对策［J］.陕西煤炭,2018,37(6):9-12.

［21］齐庆新,李一哲,赵善坤,等.我国煤矿冲击地压发展70年:理论与技术体系的建立与思考［J］.煤炭科学技术,2019,47(9):1-40.

［22］史俊伟.煤矿冲击地压事故风险演化评估与防控研究［D］.淮南:安徽理工大学,2021.

［23］齐庆新,彭永伟,李宏艳,等.煤岩冲击倾向性研究［J］.岩石力学与工程学报,2011,30(增刊1):2736-2742.

［24］姚精明,闫永业,李生舟,等.煤层冲击倾向性评价损伤指标［J］.煤炭学报,2011,36(增刊2):353-357.

［25］中国煤炭工业协会.冲击地压测定、监测与防治方法 第2部分:煤的冲击倾向性分类及指数的测定方法:GB/T 25217.2—2010［S］.北京:中国标准出版社,2010.

［26］夏方迁.多层厚硬岩层工作面冲击地压发生机理及监测技术研究［D］.北京:中国矿业大学(北京),2021.

［27］赵本钧.冲击地压及其防治［M］.北京:煤炭工业出版社,1995.

［28］潘立友,钟亚平.深井冲击地压及其防治［M］.北京:煤炭工业出版社,1997.

［29］窦林名,何江,曹安业等.煤矿冲击矿压动静载叠加原理及其防治［J］.煤炭学报,2015,40(7):1469-1476.

［30］窦林名,陆菜平,牟宗龙,等.冲击矿压的强度弱化减冲理论及其应用［J］.煤炭学报,2005,30(6):690-694.

［31］潘俊锋,宁宇,毛德兵,等.煤矿开采冲击地压启动理论［J］.岩石力学与工程学报,2012,31(3):586-596.

［32］COOK N G W. The failure of rock［J］. International journal of rock mechanics and mining sciences & geomechanics abstracts,1965,2(4):389-403.

［33］李玉生.冲击地压机理及其初步应用［J］.中国矿业学院学报,1985(3):37-43.

［34］李玉生.冲击地压机理探讨［J］.煤炭学报,1984(3):1-10.

［35］齐庆新,史元伟,刘天泉.冲击地压粘滑失稳机理的实验研究［J］.煤炭学报,1997,22(2):144-148.

［36］齐庆新,刘天泉,史元伟.冲击地压的摩擦滑动失稳机理［J］.矿山压力与顶板管理,1995(3/4):174-177,200.

［37］齐庆新,毛德兵,王永秀.冲击地压的非线性非连续特征［J］.岩土力学,2003,24(增刊2):575-579.

［38］章梦涛,徐曾和,潘一山,等.冲击地压和突出的统一失稳理论［J］.煤炭学报,1991,

16(4):48-53.

[39] 章梦涛.冲击地压失稳理论与数值模拟计算[J].岩石力学与工程学报,1987,6(3):197-204.

[40] 朱斯陶,姜福兴,刘金海,等.我国煤矿整体失稳型冲击地压类型、发生机理及防治[J].煤炭学报,2020,45(11):3667-3677.

[41] 谢和平,高峰,鞠杨.深部岩体力学研究与探索[J].岩石力学与工程学报,2015,34(11):2161-2178.

[42] 谢和平,高峰,周宏伟,等.岩石断裂和破碎的分形研究[J].防灾减灾工程学报,2003,23(4):1-9.

[43] WANG J,YAN Y B,JIANG Z J,et al.Mechanism of energy limit equilibrium of rock burst in coal mine[J].Mining science and technology (China),2011,21(2):197-200.

[44] 潘一山,李忠华,章梦涛.我国冲击地压分布、类型、机理及防治研究[J].岩石力学与工程学报,2003,22(11):1844-1851.

[45] 姜福兴,王平,冯增强,等.复合型厚煤层"震-冲"型动力灾害机理、预测与控制[J].煤炭学报,2009,34(12):1605-1609.

[46] 姜福兴,姚顺利,魏全德,等.矿震诱发型冲击地压临场预警机制及应用研究[J].岩石力学与工程学报,2015,34(增刊1):3372-3380.

[47] 谭云亮,郭伟耀,赵同彬,等.深部煤巷帮部失稳诱冲机理及"卸-固"协同控制研究[J].煤炭学报,2020,45(1):66-81.

[48] 姜耀东.冲击地压机制的能量耗散特征研究[C]//中国岩石力学与工程学会,俄罗斯科学院西伯利亚分院矿业研究所,辽宁工程技术大学,等.第一届中俄矿山深部开采岩石动力学高层论坛论文集.[出版地不详:出版者不详],2011:52-66.

[49] 赵毅鑫,姜耀东,田素鹏.冲击地压形成过程中能量耗散特征研究[J].煤炭学报,2010,35(12):1979-1983.

[50] 潘俊锋,高家明,闫耀东,等.煤矿冲击地压发生风险判别公式及应用[J].煤炭学报,2023,48(5):1957-1968.

[51] 潘俊锋.煤矿冲击地压启动理论及其成套技术体系研究[J].煤炭学报,2019,44(1):173-182.

[52] 夏永学,潘俊锋,谢非,等.特厚煤层大巷复合构造区重复冲击致灾机制及控制技术[J].岩石力学与工程学报,2022,41(11):2199-2209.

[53] 潘俊锋,王书文,刘少虹,等.双巷布置工作面外围巷道冲击地压启动机理[J].采矿与安全工程学报,2018,35(2):291-298.

[54] 马念杰,赵希栋,赵志强,等.掘进巷道蝶型煤与瓦斯突出机理猜想[J].矿业科学学报,2017,2(2):137-149.

[55] 马念杰,郭晓菲,赵志强,等.均质圆形巷道蝶型冲击地压发生机理及其判定准则[J].煤炭学报,2016,41(11):2679-2688.

[56] 赵志强,马念杰,郭晓菲,等.煤层巷道蝶型冲击地压发生机理猜想[J].煤炭学报,2016,41(11):2689-2697.

[57] 赵志强,马念杰,刘洪涛,等.巷道蝶形破坏理论及其应用前景[J].中国矿业大学学报,

2018,47(5):969-978.

[58] 汪华君.四面采空采场"θ"型覆岩多层空间结构运动及控制研究[D].青岛:山东科技大学,2006.

[59] 成云海.微地震定位监测在采场冲击地压防治中的应用[D].青岛:山东科技大学,2006.

[60] 史红,王存文,孔令海,等."S"型覆岩空间结构煤柱导致冲击失稳的力学机制探讨[J].岩石力学与工程学报,2012,31(增刊2):3508-3513.

[61] 刘懿.采场覆岩载荷三带结构模型及其在冲击危险辨识中的应用[D].北京:北京科技大学,2017.

[62] 姜福兴,刘懿,张益超,等.采场覆岩的"载荷三带"结构模型及其在防冲领域的应用[J].岩石力学与工程学报,2016,35(12):2398-2408.

[63] 舒凑先.陕蒙接壤矿区深部富水工作面冲击地压机理与防治研究[D].北京:北京科技大学,2019.

[64] 姜福兴,舒凑先,王存文.基于应力叠加回采工作面冲击危险性评价[J].岩石力学与工程学报,2015,34(12):2428-2435.

[65] 于洋.特厚煤层坚硬顶板破断动载特征及巷道围岩控制研究[D].徐州:中国矿业大学,2015.

[66] 杨胜利.基于中厚板理论的坚硬厚顶板破断致灾机制与控制研究[D].徐州:中国矿业大学,2019.

[67] 何江,窦林名,王崧玮,等.坚硬顶板诱发冲击矿压机理及类型研究[J].采矿与安全工程学报,2017,34(6):1122-1127.

[68] 何江,窦林名,贺虎,等.综放面覆岩运动诱发冲击矿压机制研究[J].岩石力学与工程学报,2011,30(增刊2):3920-3927.

[69] 贺虎,窦林名,巩思园,等.覆岩关键层运动诱发冲击的规律研究[J].岩土工程学报,2010,32(8):1260-1265.

[70] 崔峰,杨彦斌,来兴平,等.基于微震监测关键层破断诱发冲击地压的物理相似材料模拟实验研究[J].岩石力学与工程学报,2019,38(4):803-814.

[71] 潘一山,徐连满.钻屑温度法预测冲击地压的试验研究[J].岩土工程学报,2012,34(12):2228-2232.

[72] 章梦涛,赵本钧,徐曾和.钻屑法的实验研究[C]//中国岩石力学与工程学会.地下工程经验交流会论文选集.北京:地质出版社,1982:369.

[73] 赵本钧,章梦涛.钻屑法的研究和应用[J].阜新矿业学院学报,1985(增刊1):13-28.

[74] SHAN Q Y,QIN T. The improved drilling cutting method and its engineering applications[J]. Geotechnical and geological engineering,2019,37(5):3715-3726.

[75] 刘伟建,刘晔,潘贵豪.基于应力监测系统的工作面终采线确定方法研究[J].煤炭工程,2019,51(6):112-115.

[76] 杜青炎,魏全德,刘军,等.基于应力监测的工作面支承压力分布规律探讨[J].中州煤炭,2016(5):88-90,109.

[77] 段伟,邹德蕴,胡英俊.冲击地压应力监测预报系统的研制与应用[J].采矿与安全工程

学报,2008,25(1):78-81.

[78] 杜涛涛,鞠文君,陈建强,等. 坚硬顶板遗留煤层下综放工作面冲击地压发生机理[J]. 采矿与安全工程学报,2021,38(6):1144-1151.

[79] 钱鸣高,缪协兴. 采场上覆岩层结构的形态与受力分析[J]. 岩石力学与工程学报,1995,14(2):97-106.

[80] 钱鸣高,缪协兴,何富连. 采场"砌体梁"结构的关键块分析[J]. 煤炭学报,1994,19(6):557-563.

[81] 钱鸣高,石平五. 矿山压力与岩层控制[M]. 徐州:中国矿业大学出版社,2003.

[82] 宋振骐. 实用矿山压力控制[M]. 徐州:中国矿业大学出版社,1988.

[83] 钱鸣高,缪协兴,许家林,等. 岩层控制的关键层理论[M]. 徐州:中国矿业大学出版社,2000.

[84] 谢广祥,杨科. 采场围岩宏观应力壳演化特征[J]. 岩石力学与工程学报,2010,29(增刊1):2676-2680.

[85] 刘长友,黄炳香,孟祥军,等. 超长孤岛综放工作面支承压力分布规律研究[J]. 岩石力学与工程学报,2007,26(增刊1):2761-2766.

[86] 谢广祥,杨科,常聚才. 非对称综放开采煤层三维应力分布特征及其层厚效应研究[J]. 岩石力学与工程学报,2007,26(4):775-779.

[87] 吴健波. 冲击地压电磁辐射实时监测及自动预警研究[D]. 徐州:中国矿业大学,2018.

[88] 贺虎,孙昊,王茜. 冲击矿压危险的电磁-震动耦合评价[J]. 煤炭学报,2018,43(2):364-370.

[89] LI X L,WANG E Y,LI Z H,et al. Rock burst monitoring by integrated microseismic and electromagnetic radiation methods[J]. Rock mechanics and rock engineering,2016,49(11):4393-4406.

[90] 王永,刘金海,王颜亮,等. 煤矿冲击地压多参量监测预警平台研究[J]. 煤炭工程,2018,50(4):19-21.

[91] 姜耀东,吕玉凯,赵毅鑫,等. 综采工作面过断层巷道稳定性多参量监测[J]. 煤炭学报,2011,36(10):1601-1606.

[92] 赵善坤,李宏艳,刘军,等. 深部冲击危险矿井多参量预测预报及解危技术研究[J]. 煤炭学报,2011,36(增刊2):339-345.

[93] 贾瑞生,孙红梅,樊建聪,等. 一种冲击地压多参量前兆信息辨识模型及方法[J]. 岩石力学与工程学报,2014,33(8):1513-1519.

[94] GUTENBERG B,RICHTER C F. Frequency of earthquakes in California[J]. Bulletin of the Seismological Society of America,1944,34(4):185-188.

[95] 夏永学,康立军,齐庆新,等. 基于微震监测的 5 个指标及其在冲击地压预测中的应用[J]. 煤炭学报,2010,35(12):2011-2016.

[96] 刘建坡. 深井矿山地压活动与微震时空演化关系研究[D]. 沈阳:东北大学,2011.

[97] 谷继成,魏富胜. 论地震活动性的定量化:地震活动度[J]. 中国地震,1987,3(增刊1):12-22.

[98] 刘辉,陆菜平,窦林名,等. 微震法在煤与瓦斯突出监测与预报中的应用[J]. 煤矿安全,

2012,43(4):82-85.

[99] 蔡武.断层型冲击矿压的动静载叠加诱发原理及其监测预警研究[D].徐州:中国矿业大学,2015.

[100] 王盛川.褶皱区顶板型冲击矿压"三场"监测原理及其应用[D].徐州:中国矿业大学,2021.

[101] 王恩元,何学秋,刘贞堂,等.煤体破裂声发射的频谱特征研究[J].煤炭学报,2004,29(3):289-292.

[102] 陆菜平,窦林名,吴兴荣,等.煤岩冲击前兆微震频谱演变规律的试验与实证研究[J].岩石力学与工程学报,2008,27(3):519-525.

[103] 曹安业,窦林名,秦玉红,等.高应力区微震监测信号特征分析[J].采矿与安全工程学报,2007,24(2):146-149.

[104] 肖亚勋,李小亮.深埋隧道强烈岩爆孕育微震主频演化规律[J].山东科技大学学报(自然科学版),2020,39(4):14-19.

[105] DEMPSTER A P. Upper and lower probabilities induced by a multivalued mapping [J]. The annals of mathematical statistics,1967,38(2):325-339.

[106] 夏永学,陆闯,冯美华.基于改进 D-S 证据理论的冲击地压预警方法[J].地下空间与工程学报,2022,18(4):1082-1088.

[107] 何生全,何学秋,宋大钊,等.冲击地压多参量集成预警模型及智能判识云平台[J].中国矿业大学学报,2022,51(5):850-862.

[108] 陈秀铜,李璐.基于 AHP-Fuzzy 方法的隧道岩爆预测[J].煤炭学报,2008,33(11):1230-1234.

[109] HU N,LI C H,LIU Y,et al. Fuzzy mathematics comprehensive forecasting analysis of metal mine rockburst based on multiple criteriahere[J]. IOP conference series:earth and environmental science,2021,632(2):022080.

[110] CAI W,DOU L M,ZHANG M,et al. A fuzzy comprehensive evaluation methodology for rock burst forecasting using microseismic monitoring[J]. Tunnelling and underground space technology,2018,25(80):232-245.

[111] 齐庆新,潘一山,李海涛,等.煤矿深部开采煤岩动力灾害防控理论基础与关键技术[J].煤炭学报,2020,45(5):1567-1584.

[112] 潘一山.煤矿冲击地压扰动响应失稳理论及应用[J].煤炭学报,2018,43(8):2091-2098.

[113] 窦林名,何学秋,REN T,等.动静载叠加诱发煤岩瓦斯动力灾害原理及防治技术[J].中国矿业大学学报,2018,47(1):48-59.

[114] 窦林名,姜耀东,曹安业,等.煤矿冲击矿压动静载的"应力场-震动波场"监测预警技术[J].岩石力学与工程学报,2017,36(4):803-811.

[115] 姜福兴,冯宇,KOUAME K J A,等.高地应力特厚煤层"蠕变型"冲击机理研究[J].岩土工程学报,2015,37(10):1762-1768.

[116] 姜福兴,张翔,朱斯陶.煤矿冲击地压防治体系中的关键问题探讨[J].煤炭科学技术,2023,51(1):203-213.

［117］潘俊锋,毛德兵,蓝航,等. 我国煤矿冲击地压防治技术研究现状及展望［J］. 煤炭科学技术,2013,41(6):21-25,41.

［118］潘俊锋. 冲击地压的冲击启动机理及其应用［D］. 北京:煤炭科学研究总院,2016.

［119］CUI F,YANG Y B,LAI X P,et al. Experimental study on the effect of advancing speed and stoping time on the energy release of overburden in an upward mining coal working face with a hard roof［J］. Sustainability,2020,12(1):37.

［120］DOU L M,MU Z L,LI Z L,et al. Research progress of monitoring,forecasting,and prevention of rockburst in underground coal mining in China［J］. International journal of coal science & technology,2014,1(3):278-288.

［121］LAI X P,CAI M F,REN F H,et al. Study on dynamic disaster in steeply deep rock mass condition in Urumchi Coalfield［J］. Shock and vibration,2015,2015:465017.

［122］HE J,DOU L M,MOU Z L,et al. Numerical simulation study on hard-thick roof inducing rock burst in coal mine［J］. Journal of Central South University,2016, 23(9):2314-2320.

［123］王恩元,冯俊军,张奇明,等. 冲击地压应力波作用机理［J］. 煤炭学报,2020,45(1): 100-110.

［124］谢和平,高峰,鞠杨,等. 深部开采的定量界定与分析［J］. 煤炭学报,2015,40(1): 1-10.

［125］蓝航,齐庆新,潘俊锋,等. 我国煤矿冲击地压特点及防治技术分析［J］. 煤炭科学技术,2011,39(1):11-15,36.

［126］张少泉,张诚,修济刚,等. 矿山地震研究述评［J］. 地球物理学进展,1993,8(3): 69-85.

［127］姜耀东,潘一山,姜福兴,等. 我国煤炭开采中的冲击地压机理和防治［J］. 煤炭学报, 2014,39(2):205-213.

［128］钱七虎. 岩爆、冲击地压的定义、机制、分类及其定量预测模型［J］. 岩土力学,2014, 35(1):1-6.

［129］何满潮,姜耀东,赵毅鑫. 以复合型能量转化为中心的冲击地压控制理论［C］//谢和平,彭苏萍,何满潮. 深部开采基础理论与工程实践. 北京:科学出版社,2006: 205-214.

［130］齐庆新,窦林名. 冲击地压理论与技术［M］. 徐州:中国矿业大学出版社,2008.

［131］胡克智,刘宝琛,马光,等. 煤矿的冲击地压［J］. 科学通报,1966(9):430-432.

［132］BIENIAWSKI Z T. Mechanism of brittle fracture of rock:part II:experimental studies［J］. International journal of rock mechanics and mining sciences & geomechanics abstracts, 1967,4(4):407-423.

［133］芦子干,常洪生. 对门头沟矿冲击地压的成因和控制的浅析［J］. 煤炭科学技术,1981 (10):2-6,62.

［134］牛锡倬. 煤矿安全生产中的几个岩石力学问题［J］. 岩石力学与工程学报,1982,1(1): 67-72.

［135］李玉生. 矿山冲击名词探讨:兼评"冲击地压"［J］. 煤炭学报,1982(2):89-95.

[136] 李信.煤矿冲击地压的初步研究[J].煤矿安全技术,1983(1):31-38,14.

[137] 国家煤炭工业局行业管理司.煤层冲击倾向性分类及指数的测定方法:MT/T 174—2000[S].北京:煤炭工业出版社,2000.

[138] 李学龙.裂隙煤岩动态破裂行为与冲击失稳机制研究[D].徐州:中国矿业大学,2017.

[139] 姜福兴,杨淑华,成云海,等.煤矿冲击地压的微地震监测研究[J].地球物理学报,2006,49(5):1511-1516.

[140] 王书文.矿井微震信号 b 值计算样本及参数选取研究[J].煤炭科学技术,2016,44(12):51-56.

[141] 郭保华,陆庭侃.深井巷道底鼓机理及切槽控制技术分析[J].采矿与安全工程学报,2008,25(1):91-94.

[142] 鲁岩,邹喜正,刘长友,等.巷旁开掘卸压巷技术研究与应用[J].采矿与安全工程学报,2006,23(3):329-332,336.

[143] 何江,曹立厅,吴江湖,等.冲击危险巷道底板开槽卸压参数研究[J].采矿与安全工程学报,2021,38(5):963-971.

[144] 刘志刚,曹安业,井广成.煤体卸压爆破参数正交试验优化设计研究[J].采矿与安全工程学报,2018,35(5):931-939.

[145] 顾合龙,南华,王文,等.爆破卸压技术防治冲击地压的应用与检验[J].煤炭科学技术,2016,44(4):22-26.

[146] 刘少虹,潘俊锋,刘金亮,等.基于卸支耦合的冲击地压煤层卸压爆破参数优化[J].煤炭科学技术,2018,46(11):21-29.

[147] 马文涛,马小辉,吕大钊,等.深部掘进巷道爆破卸压防治冲击地压技术[J].工矿自动化,2022,48(1):119-124.

[148] 牛同会.分段水力压裂弱化采场坚硬顶板围岩控制技术研究[J].煤炭科学技术,2022,50(8):50-59.

[149] 钟坤,陈卫忠,赵武胜,等.煤矿坚硬顶板分段水力压裂防冲效果监测与评价[J].中南大学学报(自然科学版),2022,53(7):2582-2593.

[150] 陈冬冬,孙四清,张俭,等.井下定向长钻孔水力压裂煤层增透技术体系与工程实践[J].煤炭科学技术,2020,48(10):84-89.

[151] 胡千庭,刘继川,李全贵,等.煤层分段水力压裂渗流诱导应力场的数值模拟[J].采矿与安全工程学报,2022,39(4):761-769.

[152] 王猛,王襄禹,肖同强.深部巷道钻孔卸压机理及关键参数确定方法与应用[J].煤炭学报,2017,42(5):1138-1145.

[153] 王爱文,高乾书,潘一山,等.预制钻孔煤样冲击倾向性及能量耗散规律[J].煤炭学报,2021,46(3):959-972.

[154] CUI F, ZHANG S L, CHEN J Q, et al. Numerical study on the pressure relief characteristics of a large-diameter borehole[J]. Applied sciences,2022,12(16):7967.

[155] 盖德成,李东,姜福兴,等.基于不同强度煤体的合理卸压钻孔间距研究[J].采矿与安全工程学报,2020,37(3):578-585,593.

[156] 吴学明,马小辉,吕大钊,等.彬长矿区"井上下"立体防治冲击地压新模式[J].煤田地

质与勘探,2023,51(3):19-26.

[157] 程志恒,陈亮,苏士龙,等.近距离煤层群井上下联合防突模式及其效果动态评价[J].煤炭学报,2020,45(5):1635-1647.

[158] 吴学明,邹磊,吕大钊,等.孟村煤矿工作面端头顶板水力压裂断顶解危实验[J].陕西煤炭,2021,40(增刊1):6-12.

[159] 李文福,吴学明,王向阳,等.SF_6测定水力割缝钻孔抽采影响半径研究[J].陕西煤炭,2023,42(2):26-29.

[160] 许耀波.应力干扰下煤层顶板水平井穿层分段压裂规律[J].煤田地质与勘探,2020,48(4):11-18.

[161] 苏越,高健勋.综放工作面冲击危险性评价及监测防治技术研究[J].煤炭工程,2022,54(8):42-47.

[162] 魏宏超,王毅,王博.冲击地压煤层大直径卸压孔快速成孔关键技术[J].煤田地质与勘探,2020,48(2):20-24.

[163] 孙守山,宁宇,葛钧.波兰煤矿坚硬顶板定向水力压裂技术[J].煤炭科学技术,1999,27(2):51-52.

[164] 闫少宏,宁宇,康立军,等.用水力压裂处理坚硬顶板的机理及实验研究[J].煤炭学报,2000,25(1):32-35.

[165] 吕玉磊,郑凯歌,白俊杰.顶板定向长钻孔分段水力压裂防冲技术研究[J].煤炭工程,2022,54(10):68-74.

[166] 詹庆超,付伟,宋海洲.东滩矿煤层巨厚顶板定向长钻孔分段水力压裂技术研究[J].煤炭与化工,2020,43(11):12-14,17.

[167] 张廷伟,寇建新,孙矩正.突出煤层定向钻孔瓦斯参数测试技术研究及应用[J].煤炭工程,2021,53(7):81-85.

[168] 贾明魁,李学臣,郭艳飞,等.定向长钻孔超前预抽煤层瓦斯区域治理技术[J].煤矿安全,2018,49(12):68-71.

[169] 吉仁.大孔径卸压钻机关键技术研究[D].徐州:中国矿业大学,2022.

[170] 单鹏飞,张帅,来兴平,等.不同卸压措施下"双能量"指标协同预警及调控机制分析[J].岩石力学与工程学报,2021,40(增刊2):3261-3273.

[171] 田峰,武海峰.煤层大直径钻孔防冲机理研究[J].中国高新技术企业,2016(24):150-151.

[172] 张兆民.大直径钻孔卸压机理及其合理参数研究[D].青岛:山东科技大学,2011.

[173] 齐庆新.煤层卸载爆破防治冲击地压的研究[D].北京:煤炭科学研究总院,1989.

[174] 田昭军,王永,冯美华.冲击地压煤层爆破卸压效果分析[J].能源与环保,2018,40(9):54-58.

[175] 黄小波.高压水射流煤层割缝技术关键参数优化[D].重庆:重庆大学,2012.

[176] 马文涛,潘俊锋,刘少虹,等.煤层顶板深孔"钻-切-压"预裂防冲技术试验研究[J].工矿自动化,2020,46(1):7-12.

[177] 袁海平,张羽,熊礼军,等.基于组合权重-集对分析的地压风险预评估[J].矿业安全与环保,2022,49(1):71-76.

[178] 吴学松,曹安业,买巧利,等.煤矿矿井冲击地压防治体系建设研究[J].煤炭技术, 2022,41(8):140-145.

[179] 朱斯陶.特厚煤层开采冲击地压机理与防治研究[D].北京:北京科技大学,2018.

[180] 王浩奇.回采工作面小煤柱护巷加固措施[J].山东煤炭科技,2019(7):9-10,13.

[181] 林继凯.厚煤层无区段煤柱错层位开采巷道支护技术研究[D].淮南:安徽理工大学,2013.

[182] 谢小平,刘衍利,艾德春,等.薄煤层切顶卸压无煤柱沿空留巷技术研究[J].煤炭技术,2017,36(5):36-38.

[183] 刘闯,李化敏,常发展.浅埋薄基岩煤层开采条件下工作面长度优化研究[J].煤炭技术,2022,41(6):1-4.

[184] 程舒燕.大孔径卸压螺旋钻机关键技术研究[D].徐州:中国矿业大学,2022.

[185] 李俊,李伯元.巨厚煤层首分层回风大巷大直径钻孔卸压防冲技术研究[J].能源科技,2022,20(3):31-36.

[186] 刘赫赫.大直径钻孔卸压防治冲击地压探寻[J].中国金属通报,2022(6):129-131.

[187] 潘俊锋,闫耀东,马宏源,等.一次成孔300 mm煤层大直径钻孔防冲效能试验[J].采矿与岩层控制工程学报,2022,4(5):5-15.

[188] 颜事龙,陈叶青.岩石集中装药爆炸能量分布的计算[J].爆破,1993(4):12-16.

[189] 徐颖,孟益平,程玉生.装药不耦合系数对爆破裂纹控制的试验研究[J].岩石力学与工程学报,2002,21(12):1843-1847.

[190] 吕渊,徐颖.深井软岩大巷深孔爆破卸压机理及工程应用[J].煤矿爆破,2005(4):30-33.

[191] 潘一山,肖永惠,李忠华,等.冲击地压矿井巷道支护理论研究及应用[J].煤炭学报,2014,39(2):222-228.

[192] 潘一山,肖永惠,李国臻.巷道防冲液压支架研究及应用[J].煤炭学报,2020,45(1):90-99.

[193] 李岗,高涛.防冲液压支架在冲击倾向性巷道支护中的应用研究[J].机械管理开发,2021,36(11):157-159.